ISBN-13: 978-1545154953

ISBN-10: 1545154953

Manual de
HIDRÁULICA
Fundamentos, aplicaciones y ejercicios

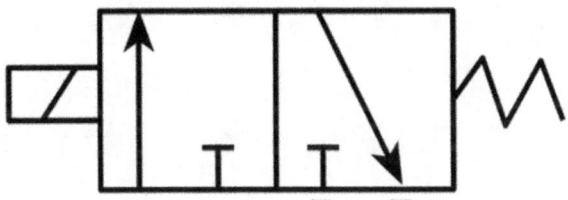

Ing. Miguel D'Addario

Primera edición
2017
CE

Índice

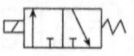

Autor

Ingeniero industrial (UNC), Técnico superior en equipos industriales, mantenimiento y gestión. Docente e instructor de AutoCAD 3D y modelado. Ha publicado una centena de libros, en su mayoría técnicos educativos para todos los niveles.

Sus libros se encuentran en diferentes centros de estudios y bibliotecas del mundo, como por ejemplo la Universidad San Pablo de Perú, Universidad de Santo Domingo la República Dominicana, Universidad de San Gregorio de Ecuador, Universitat de Valencia, Biblioteca Nacional de España, Biblioteca Nacional de Argentina, Universidad de Texas, Universidad de Toronto, Universidad de Deusto, Universidad de Illinois, Universidad de Kansas, Bibliotecas de la Comunidad de Madrid, Castilla y león, Andalucía, y País Vasco, Biblioteca Nacional Británica, Universidad de Harvard, Biblioteca del Congreso de los Estados Unidos.

Sus libros están distribuidos en los cinco Continentes, son de consulta asidua en Bibliotecas del mundo, y se encuentran inscritos en los catálogos, ISBNs y bases bibliográficas Internacionales.

Son traducidos a múltiples idiomas y pueden encontrarse en los bookstores internacionales, tanto en formato papel como en versión electrónica.

Webs donde conocer y/o adquirir otras obras técnicas del autor:

http://migueldaddariobooks.blogspot.com/2012/05/libros-tecnicos-educativos-fp.html

Introducción

La hidráulica es la rama de la física que estudia el comportamiento de los fluidos en función de sus propiedades específicas. Es decir, estudia las propiedades mecánicas de los líquidos dependiendo de las fuerzas a las que son sometidos. Todo esto depende de las fuerzas que se interponen con la masa y a las condiciones a las que esté sometido el fluido, relacionadas con la viscosidad de este.

La palabra «hidráulica» proviene del griego ὑδραυλικός (hydraulikós) que, a su vez, viene de «tubo de agua», palabra compuesta por ὕδωρ («agua») y αὐλός («tubo»).

Las civilizaciones más antiguas se desarrollaron a lo largo de los ríos más importantes de la Tierra. La experiencia y la intuición guiaron a estas comunidades en la solución de los problemas relacionados con las numerosas obras hidráulicas necesarias para la defensa ribereña, el drenaje de zonas pantanosas, el uso de los recursos hídricos, la navegación.

En las civilizaciones de la antigüedad, estos conocimientos se convirtieron en privilegio de una casta sacerdotal. En el antiguo Egipto los sacerdotes se transmitían, de generación en generación, las observaciones y registros, mantenidos en secreto, respecto a las inundaciones del río, y estaban en condiciones, con base en éstos, de hacer previsiones que podrían ser interpretadas fácilmente como revelaciones transmitidas por los dioses. Fue en Egipto donde nació la más antigua de las ciencias exactas, la geometría que, según el historiador griego Heródoto, surgió a raíz de exigencias catastrales relacionadas con las inundaciones del río Nilo.

Con los griegos la ciencia y la técnica pasan por un proceso de desacralización, a pesar de que algunas veces se relegan al terreno de la mitología.

Tales de Mileto, de padre griego y madre fenicia, atribuyeron al agua el origen de todas las cosas. La teoría de Tales de Mileto, al igual que la teoría de los filósofos griegos subsecuentes del período jónico, encontrarían una sistematización de sus principios en la física de Aristóteles. Física que, como se sabe, está basada en los cuatro elementos naturales, sobre su ubicación, sobre el movimiento natural, es decir hacia sus respectivas esferas, diferenciado del movimiento violento. La física antigua se basa en el sentido común, es capaz de dar una descripción cualitativa de los principales fenómenos, pero es absolutamente inadecuada para la descripción cuantitativa de los mismos.

Las primeras bases del conocimiento científico cuantitativo se establecieron en el siglo III a. C. en los territorios en los que fue dividido el imperio de Alejandro Magno, y fue Alejandría el epicentro del saber científico. Euclides recogió, en los Elementos, el conocimiento precedente acerca de la geometría. Se trata de una obra única en la que, a partir de pocas definiciones y axiomas, se deducen una infinidad de teoremas. Los Elementos de Euclides constituirán, por más de dos mil años, un modelo de ciencia deductiva de un insuperable rigor lógico. Arquímedes de Siracusa estuvo en contacto epistolar con los científicos de Alejandría.

Arquímedes realizó una gran cantidad de descubrimientos excepcionales. Uno de ellos empezó cuando Hierón II reinaba en Siracusa. Quiso ofrecer a un santuario una corona de oro, en agradecimiento por los éxitos alcanzados. Contrató a un artista con el que pactó el precio de la obra y además le entregó la cantidad de oro requerida para la obra. La corona terminada fue entregada al rey, con la plena satisfacción de éste, y el peso también coincidía con el peso de oro entregado. Un tiempo después, sin embargo, Hierón II tuvo motivos para desconfiar de que el artista lo había engañado sustituyendo una parte del oro con plomo, manteniendo el mismo peso. Indignado por el engaño, pero no encontrando la forma de demostrarlo, solicitó a Arquímedes que estudiara la cuestión. Absorto por la solución de este problema, Arquímedes observó un día, mientras tomaba un baño en una tina, que cuando él se sumergía en el agua, ésta se derramaba hacia el suelo. Esta observación le dio la solución del problema. Saltó fuera de la tina y, emocionado, corrió desnudo a su casa, gritando: "Eureka! Eureka!" (Que, en griego, significa: "¡Lo encontré, lo encontré!").

Arquímedes fue el fundador de la hidrostática, y también el precursor del cálculo diferencial: recuérdese su célebre demostración del volumen de la esfera, y en conjunto con los científicos de Alejandría no desdeñó las aplicaciones a la ingeniería de los descubrimientos científicos, tentando disminuir la brecha entre ciencia y tecnología, típica de la sociedad de la antigüedad clásica, sociedad que, como es bien sabido, estaba basada en la esclavitud.

Circuito hidráulico

Un circuito hidráulico es un sistema que comprende un conjunto interconectado de componentes separados que transporta líquido. Este sistema se usa para controlar el flujo del fluido (como en una red de tuberías de enfriamiento en un sistema termodinámico) o controlar la presión del fluido (como en los amplificadores hidráulicos).

La idea de describir el flujo del fluido en términos de componentes separados está inspirada por el éxito de la teoría de circuitos eléctricos. Al igual que la teoría de circuitos eléctricos funciona cuando son elementos separados y lineales, la teoría de circuitos hidráulicos

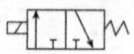

funciona mejor cuando los elementos (componentes pasivos tales como tuberías o líneas de transmisión o componentes activos como fuentes de alimentación o bombas) son discretos y lineales. Esto usualmente significa que el análisis de circuitos hidráulicos funciona mejor para tubos largos y delgados con bombas separadas, tal como se encuentran en los sistemas de flujo de procesos químicos o dispositivos de microescala.

Bomba hidráulica

Una bomba hidráulica es una máquina generadora que transforma la energía (generalmente energía mecánica) con la que es accionada en energía del fluido incompresible que mueve. El fluido incompresible puede ser líquido o una mezcla de líquidos y sólidos como puede ser el hormigón antes de fraguar o la pasta de papel. Al incrementar la energía del fluido, se aumenta su presión, su velocidad o su altura, todas ellas relacionadas según el principio de Bernoulli. En general, una bomba se utiliza para incrementar la presión de un líquido añadiendo energía al sistema hidráulico, para mover el fluido de una zona de menor presión a otra de mayor presión. Existe una ambigüedad en la utilización del término bomba, ya que generalmente es utilizado para referirse a las máquinas de fluido que transfieren energía, o bombean fluidos incompresibles, y por lo tanto no alteran la densidad de su fluido de trabajo, a diferencia de otras máquinas como lo son los compresores, cuyo campo de aplicación es la neumática y no la hidráulica. Pero también es común encontrar el término bomba para referirse a máquinas que bombean otro tipo de fluidos, así como lo son las bombas de vacío o las bombas de aire. La primera bomba conocida fue descrita por Arquímedes y se conoce como tornillo de Arquímedes, descrito por Arquímedes en el siglo III a. C., aunque este sistema había sido utilizado anteriormente por Senaquerib, rey de Asiria en el siglo VII a. C. En el siglo XII, Al-Jazari describió e ilustró diferentes tipos de bombas, incluyendo bombas reversibles, bombas de doble acción, bombas de vacío, bombas de agua y bombas de desplazamiento positivo.

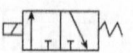

Tipos de bombas

Según el principio de funcionamiento

La principal clasificación de las bombas según el funcionamiento en que se base:

Bombas de desplazamiento positivo, o volumétricas. En las que el principio de funcionamiento está basado en la hidrostática, de modo que el aumento de presión se realiza por el empuje de las paredes de las cámaras que varían su volumen. En este tipo de bombas, en cada ciclo el órgano propulsor genera de manera positiva un volumen dado o cilindrada, por lo que también se denominan bombas volumétricas. En caso de poder variar el volumen máximo de la cilindrada se habla de bombas de volumen variable. Si ese volumen no se puede variar, entonces se dice que la bomba es de volumen fijo. A su vez este tipo de bombas pueden subdividirse en

Bombas de émbolo alternativo. En las que existe uno o varios compartimentos fijos, pero de volumen variable, por la acción de un émbolo o de una membrana. En estas máquinas, el movimiento del

fluido es discontinuo y los procesos de carga y descarga se realizan por válvulas que abren y cierran alternativamente. Algunos ejemplos de este tipo de bombas son la bomba alternativa de pistón, la bomba rotativa de pistones o la bomba pistones de accionamiento axial.

Bombas volumétricas rotativas o rotoestáticas. En las que una masa fluida es confinada en uno o varios compartimentos que se desplazan desde la zona de entrada (de baja presión) hasta la zona de salida (de alta presión) de la máquina. Algunos ejemplos de este tipo de máquinas son la bomba de paletas, la bomba de lóbulos, la bomba de engranajes, la bomba de tornillo o la bomba peristáltica.

Bombas rotodinámicas. En las que el principio de funcionamiento está basado en el intercambio de cantidad de movimiento entre la máquina y el fluido, aplicando la hidrodinámica. En este tipo de bombas hay uno o varios rodetes con álabes que giran generando un campo de presiones en el fluido. En este tipo de máquinas el flujo del fluido es continuo.

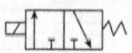
Estas turbomáquinas hidráulicas generadoras pueden subdividirse en:

-*Radiales o centrífugas*. Cuando el movimiento del fluido sigue una trayectoria perpendicular al eje del rodete impulsor.

-*Axiales*. Cuando el fluido pasa por los canales de los álabes siguiendo una trayectoria contenida en un cilindro.

Diagonales o helicocentrífugas. Cuando la trayectoria del fluido se realiza en otra dirección entre las anteriores, es decir, en un cono coaxial con el eje del rodete.

Según el tipo de accionamiento

-*Electrobombas*. Genéricamente, son aquellas accionadas por un motor eléctrico, para distinguirlas de las motobombas, habitualmente accionadas por motores de combustión interna.

-*Bombas neumáticas*. Que son bombas de desplazamiento positivo en las que la energía de entrada es neumática, normalmente a partir de aire comprimido.

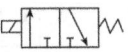

-*Bombas de accionamiento hidráulico.* Como la bomba de ariete o la noria.

-*Bombas manuales.* Un tipo de bomba manual como la bomba de balancín.

Tipos de bombas de émbolo

Bomba aspirante

En una "bomba aspirante", un cilindro que contiene un pistón móvil está conectado con el suministro de agua mediante un tubo. Una válvula bloquea la entrada del tubo al cilindro. La válvula es como una puerta con goznes, que solo se abre hacia arriba, dejando subir, pero no bajar, el agua. Dentro del pistón, hay una segunda válvula que funciona en la misma forma. Cuando se acciona la manivela, el pistón sube. Esto aumenta el volumen existente debajo del pistón, y, por lo tanto, la presión disminuye. La presión del aire normal que actúa sobre la superficie del agua, del pozo, hace subir el líquido por el tubo, franqueando la válvula-que se abre- y lo hace entrar en el cilindro. Cuando el pistón baja, se cierra la primera válvula, y se abre la segunda, que permite que el agua pase a la

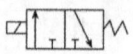

parte superior del pistón y ocupe el cilindro que está encima de este.

El golpe siguiente hacia arriba hace subir el agua a la espita y, al mismo tiempo, logra que entre más agua en el cilindro, por debajo del pistón. La acción continúa mientras el pistón sube y baja.

Una bomba aspirante es de acción limitada, en ciertos sentidos.

No puede proporcionar un chorro continuo de líquido ni hacer subir el agua a través de una distancia mayor a 10 m. entre la superficie del pozo y la válvula inferior, ya que la presión normal del aire solo puede actuar con fuerza suficiente para mantener una columna de agua de esa altura. Una bomba impelente vence esos obstáculos.

Bomba impelente

La bomba impelente consiste en un cilindro, un pistón y un caño que baja hasta el depósito de agua. Asimismo, tiene una válvula que deja entrar el agua al cilindro, pero no regresar. No hay válvula en el pistón, que es completamente sólido. Desde el extremo inferior del cilindro sale un segundo tubo que llega

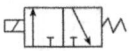
hasta una cámara de aire. La entrada a esa cámara es bloqueada por una válvula que deja entrar el agua, pero no salir. Desde el extremo inferior de la cámara de aire, otro caño lleva el agua a un tanque de la azotea o a una manguera.

Válvula hidráulica

Una válvula hidráulica es un mecanismo que sirve para regular el flujo de fluidos.

Las válvulas que se utilizan en obras hidráulicas son un caso particular de válvulas industriales ya que presentan algunas características únicas y por tanto merecen ser tratadas de forma separada

Clasificación

La clasificación de las válvulas utilizadas en las obras hidráulicas puede hacerse según el tipo de obra hidráulica:

> ➤ *Presas y centrales hidroeléctricas*

Válvulas para descarga de fondo en presas, por ejemplo del tipo Howell-Bunger.

Válvulas disipadoras de energía.

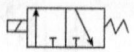

Válvulas para regular el caudal en una toma.

Válvulas para regular la entrada de agua a la turbina

Válvulas tipo aguja.

> *Acueductos.*

Válvula tipo mariposa.

Válvula tipo compuerta.

Válvula tipo esférico.

Válvulas antirretorno.

Válvula de pie.

Válvula de disco autocentrado.

> *Sistemas de riego.*

Válvulas para hidrantes.

Válvulas antirretorno.

Válvulas de pie.

Actuador

Un actuador es un dispositivo capaz de transformar energía hidráulica, neumática o eléctrica en la activación de un proceso con la finalidad de generar un efecto sobre un proceso automatizado. Este recibe la orden de un regulador o controlador y en función a ella genera la orden para activar un elemento final de control, como por ejemplo una válvula. Son los

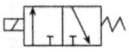

elementos que influyen directamente en la señal de salida del automatismo, modificando su magnitud según las instrucciones que reciben de la unidad de control.

Existen varios tipos de actuadores como son:
- ➢ Electrónicos
- ➢ Eléctricos

Los actuadores hidráulicos, neumáticos y eléctricos son usados para manejar aparatos mecatrónicos. Por lo general, los actuadores hidráulicos se emplean cuando lo que se necesita es potencia, y los neumáticos son simples posicionamientos.

Sin embargo, los hidráulicos requieren mucho equipo para suministro de energía, así como de mantenimiento periódico.

Por otro lado, las aplicaciones de los modelos neumáticos también son limitadas desde el punto de vista de precisión y mantenimiento.

Actuadores hidráulicos

Los actuadores hidráulicos, que son los de mayor antigüedad, pueden ser clasificados de acuerdo con la

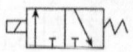

forma de operación, funcionan sobre la base de fluidos a presión.

Existen tres grandes grupos:

> ➢ Cilindro hidráulico

> ➢ Motor hidráulico

> ➢ Motor hidráulico de oscilación

Cilindro hidráulico

De acuerdo con su función podemos clasificar a los cilindros hidráulicos en 2 tipos: de Efecto simple y de acción doble.

En el primer tipo se utiliza fuerza hidráulica para empujar y una fuerza externa, diferente, para contraer.

El segundo tipo se emplea la fuerza hidráulica para efectuar ambas acciones.

El control de dirección se lleva a cabo mediante un solenoide.

En el interior poseen un resorte que cambia su constante elástica con el paso de la corriente.

Es decir, si circula corriente por el pistón eléctrico este puede ser extendido fácilmente.

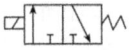
Cilindro de presión dinámica

Lleva la carga en la base del cilindro. Los costos de fabricación por lo general son bajos ya que no hay partes que resbalen dentro del cilindro.

Cilindro de simple efecto

La barra esta solo en uno de los extremos del pistón, el cual se contrae mediante resortes o por la misma gravedad. La carga puede colocarse solo en un extremo del cilindro.

Cilindro de doble efecto

La carga puede colocarse en cualquiera de los lados del cilindro. Se genera un impulso horizontal debido a la diferencia de presión entre los extremos del pistón

Cilindro telescópico

La barra de tipo tubo multietápico es empujada sucesivamente conforme se va aplicando al cilindro aceite a presión. Se puede lograr una carrera relativamente larga en comparación con la longitud del cilindro.

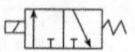

Motor hidráulico

En los motores hidráulicos el movimiento rotatorio es generado por la presión.

Estos motores los podemos clasificar en dos grandes grupos:

El primero es uno de tipo rotatorio en el que los engranajes son accionados directamente por aceite a presión, y el segundo, de tipo oscilante, el movimiento rotatorio es generado por la acción oscilatoria de un pistón o percutor; este tipo tiene mayor demanda debido a su mayor eficiencia.

A continuación se muestra la clasificación de este tipo de motores

Motor de engranaje

El aceite a presión fluye desde la entrada que actúa sobre la cara dentada de cada engranaje generando torque en la dirección de la flecha.

La estructura del motor es simple, por lo que es muy recomendable su uso en operaciones a alta velocidad.

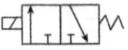

Motor con pistón eje inclinado

El aceite a presión que fluye desde la entrada empuja el pistón contra la brida y la fuerza resultante en la dirección radial hace que el eje y el bloque del cilindro giren en la dirección de la flecha. Este tipo de motor es muy conveniente para usos a alta presión y a alta velocidad. Es posible modificar su capacidad al cambiar el ángulo de inclinación del eje.

Motor oscilante con pistón axial

Tiene como función, el absorber un determinado volumen de fluido a presión y devolverlo al circuito en el momento que éste lo precise.

Actuadores neumáticos

A los mecanismos que convierten la energía del aire comprimido en trabajo mecánico se les denomina actuadores neumáticos. Aunque en esencia son idénticos a los actuadores hidráulicos, el rango de compresión es menor en este caso, además de que hay una pequeña diferencia en cuanto al uso y en lo que se refiere a la estructura, motivado a que los elementos de suministro de energía (aire) son diferentes de los empleados en los cilindros hidráulicos.

En esta clasificación aparecen los fuelles y diafragmas, que utilizan aire comprimido y son considerados como actuadores de simple efecto, y también los músculos artificiales de hule, que últimamente han recibido mucha atención.

- ➢ De efecto simple
- ➢ Cilindro neumático
- ➢ Actuador neumático de efecto doble
- ➢ Actuador lineal de doble efecto sin vástago
- ➢ Con engranaje y cremallera
- ➢ Con engranaje y doble cremallera
- ➢ Motor neumático con veleta
- ➢ Con pistón
- ➢ Con una veleta a la vez
- ➢ Multiveleta
- ➢ Motor rotatorio con pistón
- ➢ De ranura vertical
- ➢ De émbolo
- ➢ Fuelles, diafragma y músculo artificial
- ➢ Cilindro de efecto simple

Rotativos de paletas

Son elementos motrices destinados a proporcionar un giro limitado en un eje de salida. La presión del aire actúa directamente sobre una o dos palas imprimiendo un movimiento de giro. Estos no superan los 270° y los de paleta doble no superan los 90°.

Actuadores eléctricos

La estructura de un actuador eléctrico es simple en comparación con la de los actuadores hidráulicos y neumáticos, ya que sólo requieren de energía eléctrica como fuente de energía. Como se utilizan cables eléctricos para transmitir electricidad y las señales, es altamente versátil y prácticamente no hay restricciones respecto a la distancia entre la fuente de energía y el actuador.

Existe una gran cantidad de modelos y es fácil utilizarlos con motores eléctricos estandarizados según la aplicación. En la mayoría de los casos es necesario utilizar reductores, debido a que los motores son de operación continua.

La forma más sencilla para el accionamiento con un pistón, sería la instalación de una palanca solidaria a

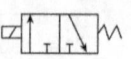

una bisagra adherida a una superficie paralela al eje del pistón de accionamiento y a las entradas roscadas. Existen Alambres Musculares®, los cuales permiten realizar movimientos silenciosos sin motores. Es la tecnología más innovadora para robótica y automática, como así también para la implementación de pequeños actuadores.

También existen los polímeros electroactivos, PEA (por su sigla en español) o EAP (por su sigla en inglés), los cuales son polímeros que usualmente cambian de forma o tamaño al ser estimulados por un campo eléctrico. Se utilizan principalmente como actuadores, sensores, o la generación de músculos artificiales para ser empleados en robótica y en prostética.

Actuadores piezoeléctrico

Son aquellos dispositivos que producen movimiento (desplazamiento) aprovechando el fenómeno físico de piezoelectricidad. Los actuadores que utilizan este efecto están disponibles desde hace aproximadamente 20 años y han cambiado el mundo del posicionamiento. El movimiento preciso que

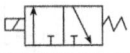

resulta cuando un campo eléctrico es aplicado al material, es de gran valor para el nanoposicionamiento.

Es posible distinguir los siguientes tipos:
- ➢ De tipo pila
- ➢ De tipo "Flexure"
- ➢ Combinados con sistema de posicionamiento motorizado de alto rango.

Partes de un actuador

-Sistema de "llave de seguridad": Este método de llave de seguridad para la retención de las tapas del actuador, usa una cinta cilíndrica flexible de acero inoxidable en una ranura de deslizamiento labrada a máquina. Esto elimina la concentración de esfuerzos causados por cargas centradas en los tornillos de las tapas y helicoils. Las llaves de seguridad incrementan de gran forma la fuerza del ensamblado del actuador y proveen un cierre de seguridad contra desacoplamientos peligrosos.

-Piñón con ranura: Esta ranura en la parte superior del piñón provee una transmisión autocentrante, directa

para indicadores de posición e interruptores de posición, eliminando el uso de bridas de acoplamiento. (Bajo la norma Namur).

-*Cojinetes de empalme*: Estos cojinetes de empalme barrenados y enroscados sirven para simplificar el acoplamiento de accesorios a montar en la parte superior. (Bajo normas ISO 5211 Y VDI).

Pase de aire grande: Los conductos internos para el pasaje de aire extra grandes permiten una operación rápida y evita el bloqueo de los mismos.

-*Muñoneras*: Una muñonera de nuevo diseño y de máxima duración, permanentemente lubricada, resistente a la corrosión y de fácil reemplazo, extiende la vida del actuador en las aplicaciones más severas.

-*Construcción*: Se debe proveer fuerza máxima contra abolladuras, choques y fatiga. Su piñón y cremallera debe ser de gran calibre, debe ser labrado con maquinaria de alta precisión, y elimina el juego para poder obtener posiciones precisas.

-*Ceramigard:* Superficie fuerte, resistente a la corrosión, parecida a cerámica. Protege todas las partes del actuador contra desgaste y corrosión.

-Revestimiento: Un revestimiento doble, para proveer extra protección contra ambientes agresivos.

-Acople: Acople o desacople de módulos de reposición por resorte, o de seguridad en caso de falla de presión de aire.

-Tornillos de ajuste de carrera: Provee ajustes para la rotación del piñón en ambas direcciones de viaje; lo que es esencial para toda válvula de cuarto de vuelta.

-Muñoneras radiales y de carga del piñón: Muñoneras reemplazables que protegen contra cargas verticales. Muñoneras radiales soportan toda carga radial.

-Sellos del piñón - superior e inferior. Los sellos del piñón están posicionados para minimizar todo hueco posible, para proteger contra la corrosión.

-Resortes indestructibles de seguridad en caso de falla: Estos resortes son diseñados y fabricados para nunca fallar y posteriormente son protegidos contra la corrosión. Los resortes son clasificados y asignados de forma particular para compensar la pérdida de memoria a la cual está sujeto todo resorte; para una verdadera confianza en caso de falla en el suministro de aire.

Los actuadores más usuales son:

Cilindros neumáticos e hidráulicos. Realizan movimientos lineales.

-Motores (actuadores de giro) neumáticos e hidráulicos. Realizan movimientos de giro por medio de energía hidráulica o neumática.

-Válvulas. Las hay de mando directo, motorizadas, electroneumáticas, etc. Se emplean para regular el caudal de gases y líquidos.

-Resistencias calefactoras. Se emplean para calentar. Motores eléctricos. Los más usados son de inducción, de continua, sin escobillas y paso a paso.

-Bombas, compresores y ventiladores. Movidos generalmente por motores eléctricos de inducción.

Máquina hidráulica

Una Máquina hidráulica es una variedad de máquina de fluido que emplea para su funcionamiento las propiedades de un fluido incompresible o que se comporta como tal, debido a que su densidad en el interior del sistema no sufre variaciones importantes.

Convencionalmente se especifica para los gases un límite de 100 mbar para el cambio de presión; de

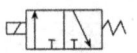

modo que si éste es inferior, la máquina puede considerarse hidráulica. Dentro de las máquinas hidráulicas el fluido experimenta un proceso adiabático, es decir no existe intercambio de calor con el entorno.

Clasificación

Las máquinas hidráulicas pueden clasificarse atendiendo a diferentes criterios.

Según la variación de energía

En los motores hidráulicos, la energía del fluido que atraviesa la máquina disminuye, obteniéndose energía mecánica, mientras que en el caso de generadores hidráulicos, el proceso es el inverso, de modo que el fluido incrementa su energía al atravesar la máquina. Atendiendo al tipo de energía fluidodinámica que se intercambia a través de la máquina tenemos:

Máquinas en las que se produce una variación de la energía potencial, como por ejemplo el tornillo de Arquímedes.

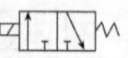

Máquinas en las que se produce una variación de la energía cinética, como por ejemplo aerogeneradores, hélices o turbina Pelton. Estas se denominan máquinas de acción y no tienen carcasa.

Máquinas en las que se produce una variación de la entalpía (presión), como por ejemplo las bombas centrífugas. Estas máquinas se denominan máquinas de reacción.

Según el tipo de intercambio

Teniendo en cuenta el modo en el que se intercambia la energía dentro de la máquina su clasificación puede ser así:

Máquinas de desplazamiento positivo o volumétricas. Se trata de uno de los tipos más antiguos de máquinas hidráulicas y se basan en el desplazamiento de un volumen de fluido comprimiéndolo. El ejemplo más claro de este tipo de máquinas es la bomba de aire para bicicletas. Suministran un caudal que no es constante, para evitarlo en ocasiones se unen varias para lograr una mayor uniformidad. Estas máquinas son apropiadas para suministros de alta presión y bajos caudales.

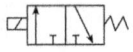

Según el encerramiento

Atendiendo a la presencia o no de carcasa:

Máquinas no entubadas como pueden ser todas las que continuación presentan máquinas de acción.

Máquinas entubadas. Según el movimiento

Existen otros criterios, como la división en rotativas y alternativas, dependiendo de si el órgano intercambiador de energía tiene un movimiento rotativo o alternativo, esta clasificación es muy intuitiva pero no atiende al principio básico de funcionamiento de estas máquinas. En la siguiente tabla se muestra un resumen de la clasificación de las máquinas hidráulicas (l=líquido, g=gas).

➢ Motoras

Volumétricas:

· Alternativas

· Bombas de émbolo

· Rotativas

· Bombas rotoestáticas.

Turbomáquinas:

· Turbinas hidráulicas

· Aerogeneradores (g) (Máquina axial)

> Generadoras

Volumétricas:

· Alternativas

· Bombas de émbolo

· Rotativas

· Bombas rotoestáticas

Turbomáquinas:

· Bombas rotodinámicas o centrífugas (máquina radial)

· Ventiladores (g) (Máquina axial)

Componentes

· Bombas

· Válvulas de control

· Actuadores

· Depósitos

· Acumuladores

· Tuberías y mangueras

· Juntas y cierres

· Intercambiadores

· Fluido hidráulico

· Sistemas de filtración

· Tornillos

Generalidades

La automatización actual, cuenta con dispositivos especializados, conocidos como máquinas de transferencia, que permiten tomar las piezas que se están trabajando y moverlas hacia otra etapa del proceso, colocándolas de manera adecuada. Existen por otro lado los robots industriales, que son poseedores de una habilidad extremadamente fina, utilizándose para trasladar, manipular y situar piezas ligeras y pesadas con gran precisión. La hidráulica es parte de la Mecánica de Fluidos, que se encarga del diseño y mantención de los sistemas hidráulicos empleados por la industria en general, con el fin de automatizar los procesos productivos, crear nuevos elementos o mejorar los ya existentes.

La hidráulica es un sistema de transmisión de energía a través de un fluido (aceite, oleohidráulica).

La palabra "Hidráulica" proviene del griego "hydor" que significa "agua".

Hoy el término hidráulica se emplea para referirse a la transmisión y control de fuerzas y movimientos por medio de líquidos, es decir, se utilizan los líquidos

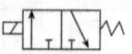

para la transmisión de energía, en la mayoría de los casos se trata de aceites minerales pero también pueden emplearse otros fluidos, como líquidos sintéticos, agua o una emulsión agua – aceite.

Existen variados sistemas de transmisión de energía para generar y controlar un movimiento, entre otros se encuentran los sistemas mecánico, que emplean elementos tales como engranajes, palancas, transmisiones por correas, cadenas, etc. Sistemas eléctricos que utilizan motores, alternadores, transformadores, conmutadores, etc., oleohidráulicos donde se usan bombas, motores, cilindros, válvulas, etc., y neumáticos compresores, actuadores lineales y rotativos, válvulas, etc. Los sistemas de transmisión de energía oleohidráulicos proporcionan la energía necesaria para controlar una amplia gama de maquinaria y equipamiento industrial.

En la actualidad las aplicaciones de la oleohidráulica son muy variadas, esta amplitud en los usos se debe principalmente al diseño y fabricación de elementos de mayor precisión y con materiales de mejor calidad, acompañada además de estudios más acabados de las materias y principios que rigen la hidráulica. Todo lo anterior se ha visto reflejado en equipos que permiten trabajos cada vez con mayor precisión y con mayores niveles de energía, lo que sin duda ha permitido un creciente desarrollo de la industria en general. Dentro de las aplicaciones se pueden distinguir dos, móviles e industriales:

Aplicaciones Móviles

El empleo de la energía proporcionada por el aceite a presión, puede aplicarse para transportar, excavar, levantar, perforar, manipular materiales, controlar e impulsar vehículos móviles tales como:

·   Tractores.

·   Grúas.

·   Retroexcavadoras.

·   Camiones recolectores de basura.

·   Cargadores frontales.

·   Frenos y suspensiones de camiones.

·   Vehículos para la construcción y mantención de carreteras.

·   Etc.

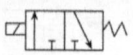

Aplicaciones Industriales

En la industria, es de primera importancia contar con maquinaria especializada para controlar, impulsar, posicionar y mecanizar elementos o materiales propios de la línea de producción, para estos efectos se utiliza con regularidad la energía proporcionada por fluidos comprimidos. Se tiene entre otros:

· Maquinaria para la industria plástica

· Máquinas herramientas

· Maquinaria para la elaboración de alimentos

· Equipamiento para robótica y manipulación automatizada

· Equipo para montaje industrial

· Maquinaria para la minería

· Maquinaria para la industria siderúrgica

· Etc.

Otras aplicaciones se pueden dar en sistemas propios de vehículos automotores, como automóviles, aplicaciones aeroespaciales y aplicaciones navales, por otro lado se pueden tener aplicaciones en el campo de la medicina y en general en todas aquellas áreas en que se requiere movimientos muy controlados y de alta precisión, así se tiene:

-Aplicación automotriz: suspensión, frenos, dirección, refrigeración, etc.

-Aplicación Aeronáutica: timones, alerones, trenes de aterrizaje, frenos, simuladores, equipos de mantenimiento aeronáutico, etc.

-Aplicación Naval: timón, mecanismos de transmisión, sistemas de mandos, sistemas especializados de embarcaciones o buques militares.

-Medicina: Instrumental quirúrgico, mesas de operaciones, camas de hospital, sillas e instrumental odontológico, etc.

La hidráulica tiene aplicación tan variada, que puede ser empleada incluso en controles escénicos (teatro), cinematografía, parques de entretenimientos, represas, puentes levadizos, plataformas de perforación submarina, ascensores, mesas de levante de automóviles, etc.

Ventajas y desventajas de la hidráulica
Los sistemas de transmisión de energía oleohidráulicos son una garantía de seguridad, calidad y fiabilidad a la vez que reducen costos.

La Seguridad es de vital importancia en la navegación aérea y espacial, en la producción y funcionamiento de vehículos, en la minería y en la fabricación de productos frágiles. Por ejemplo, los sistemas oleohidráulicos se utilizan para asistir la dirección y el frenado de coches, camiones y autobuses. Los sistemas de control oleohidráulico y el tren de aterrizaje son los responsables de la seguridad en el despegue, aterrizaje y vuelo de aviones y naves espaciales. Los rápidos avances realizados por la minería y construcción de túneles son el resultado de la aplicación de modernos sistemas oleohidráulicos.

La Fiabilidad y la Precisión son necesarias en una amplia gama de aplicaciones industriales en las que los usuarios exigen cada vez más una mayor calidad. Los sistemas oleohidráulicos utilizados en la manipulación, sistemas de fijación y robots de soldadura aseguran un rendimiento y una productividad elevados, por ejemplo, en la fabricación de automóviles. En relación con la industria del plástico, la oleohidráulica y la electrónica hacen posible que la producción esté completamente

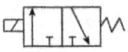

automatizada, ofreciendo un nivel de calidad constante con un elevado grado de precisión.

Los sistemas neumáticos juegan un papel clave en aquellos procesos en los que la higiene y la precisión son de suma importancia, como es el caso de las instalaciones de la industria farmacéutica y alimenticia, entre otras. La Reducción en el costo es un factor vital a la hora de asegurar la competitividad de un país industrial. La tecnología moderna debe ser rentable y la respuesta se encuentra en los sistemas oleohidráulicos. Entre otros ejemplos, cabe citar el uso generalizado de estos sistemas en la industria de carretillas elevadoras controladas hidráulicamente, las máquinas herramientas de alta tecnología, así como los equipos de fabricación para procesos de producción automatizada, las modernas excavadoras, las máquinas de construcción y obras públicas y la maquinaria agrícola.

Con respecto a la manipulación de materiales y para citar unos ejemplos, los sistemas oleohidráulicos permiten que una sola persona pueda trasladar, fácil y rápidamente, grandes cantidades de arena o de carbón.

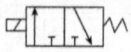

Ventajas de la Oleohidráulica

- Permite trabajar con elevados niveles de fuerza o mementos de giro.

- El aceite empleado en el sistema es fácilmente recuperable.

- Velocidad de actuación fácilmente controlable

- Instalaciones compactas.

- Protección simple contra sobrecargas.

- Cambios rápidos de sentido.

Desventajas de la Oleohidráulica

- El fluido es más caro.

- Perdidas de carga.

- Personal especializado para la mantención.

- Fluido muy sensible a la contaminación.

Principios de la hidráulica

Fuerza

Es una acción que permite modificar el estado de movimiento o de reposo de un cuerpo.

Unidades: Sistema Internacional: Newton (N)

Sistema Técnico: Kgf

Sistema Inglés: lbf

Equivalencias: $1 \, N = 1 \, Kg * m/s^2$

$1 \, N = 0,22481 \, lbf$

1 N equivale a la fuerza que proporciona un cuerpo de 1 Kg de masa a una aceleración de $1 \, m/s^2$.

Masa

Es una de las propiedades intrínsecas de la materia, se dice que esta mide la resistencia de un cuerpo a cambiar su movimiento (desplazamiento o reposo) es decir; su inercia. La masa es independiente al medio que rodea el cuerpo. En palabras muy sencillas se puede expresar como la cantidad de materia que forma un cuerpo.

Unidades: Sistema Internacional: Kilogramo (Kg)

Sistema Inglés: Libra (lb)

Equivalencias: 1 Kg = 2,2046 lb

Volumen

Se dice de forma simple; que el volumen representa el espacio que ocupa un cuerpo, en un ejemplo se podría simplificar diciendo que un cuerpo de dimensiones 1 metro de alto, 1 metro de ancho y 1 metro de espesor tendrá en consecuencia 1m^3 de volumen.

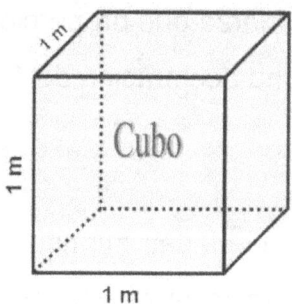

Volumen = 1m x 1 m x 1m = 1 m³ (un metro cúbico)

Equivalencias: 1m^3 = 35,315 ft

1 litro = 10^{-3} m^3

1 galón = 3,7854 x 10^{-3} m^3

1 litro = 0,2642 galones

Presión

La presión se define como la distribución de una fuerza en una superficie o área determinada.

$$P = \frac{F}{A}$$

Unidades: Sistema Internacional: N/m^2 ⇨ Pascal (Pa)

Sistema Técnico: Kg/cm^2

Sistema Inglés: $lb/pulg^2$ ⇨ PSI

Equivalencias: 1 bar = 10^5 Pa

1 bar = 14,5 $lb/pulg^2$

1 bar = 1,02 Kg/cm^2

Presión atmosférica

1,013 bar = 1,033 Kg/cm^2 = 14,7 PSI = 1atm = 760 mm Hg

Presión Hidrostática

Una columna de líquido, ejerce por su propio peso, una presión sobre la superficie en que actúa. La presión por lo tanto, estará en función de la altura de la columna (h), de la densidad y de la gravedad.

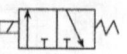
$$P = h * \rho * g$$

Donde:

P = Presión (Pascal = 1 N/m²)
h = Altura (m)
ρ = Densidad
g = Gravedad (m/s²)

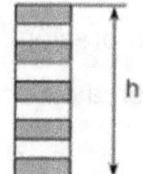

Presión por fuerzas externas

Se produce al actuar una fuerza externa sobre un líquido confinado. La presión se distribuye uniformemente en todos los sentidos y es igual en todos lados. Esto ocurre despreciando la presión que genera el propio peso del líquido (hidrostática), que en teoría debe adicionarse en función de la altura, sin embargo se desprecia puesto que los valores de presión con que se trabaja en hidráulica son muy superiores.

$$P = \frac{F}{A}$$

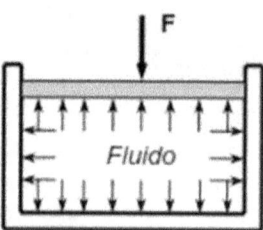

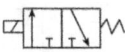

Se distinguen además dos presiones dependiendo de si se considera o no la presión atmosférica; estas son:

Presión absoluta

Esta es considerando la presión atmosférica

$$P_{absoluta} = P_{atmósferica} + P_{relativa}$$

Presión relativa o manométrica

Presión interna de un sistema propiamente tal, es decir, la presión que indica el manómetro del sistema.

Presión de vacío

Se considera como presión de vacío, a aquellas presiones negativas, que son las que se pueden leer en el vacuómetro.

Peso específico

El peso específico de un fluido, corresponde al peso por unidad de volumen. El peso específico está en función de la temperatura y de la presión.

$$\gamma = \frac{W}{V} \qquad\qquad \gamma = \rho * g$$

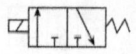
Donde:

γ = Peso específico
W = Peso (p = m * g)
V = Volumen del fluido
ρ = Densidad

Densidad relativa

Es la relación entre la masa de un cuerpo a la masa de un mismo volumen de agua a la presión atmosférica y a una temperatura de 4°C. Esta relación equivale a la de los pesos específicos del cuerpo en estudio y del agua en iguales condiciones.

$$S = \frac{\rho_s}{\rho_{Agua}} \qquad S = \frac{\gamma_s}{\gamma_{Agua}}$$

Ejemplo: $S_{agua} = \dfrac{1000 \ kg/m^3}{1000 \ kg/m^3}$

$$S_{agua} = 1$$

Fluido	T°C	Densidad Relativa
Agua dulce	4	1
Agua de mar	4	1,02 – 1,03
Petróleo bruto ligero	15	0,86 – 0,88
Kerosene	15	0,79 – 0,82
Aceite Lubricante	15	0,89 – 0,92
Glicerina	0	1,26
Mercurio	0	13,6

Temperatura

Al tocar un objeto, utilizamos nuestro sentido térmico para atribuirle una propiedad denominada temperatura, que determina si sentimos calor o frío.

Observamos también que los cambios de temperatura en los objetos van acompañados por otros cambios físicos que se pueden medir cuantitativamente, por ejemplo

- Un cambio de longitud o de volumen
- Un cambio de presión
- Un cambio de resistencia eléctrica
- Un cambio de color
- Etc.

Todos estos cambios de las propiedades físicas, debidos a las temperaturas se usan para medir temperatura.

En la práctica y para temperaturas usuales, se utiliza el cambio de volumen del mercurio en un tubo de vidrio. Se marca 0°C en el punto de fusión del hielo o punto de congelamiento del agua y 100°C en el punto de ebullición del agua a presión atmosférica. La distancia entre estos dos puntos se divide en 100

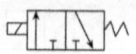

partes iguales, la escala así definida se llama Escala Centígrada o Escala Celsius.

En la escala Fahrenheit 0°C y 100°C corresponden a 32°F y 212°F respectivamente.

En la escala Kelvin, se empieza desde 0 (cero) absoluto y a 0°C y 100°C le corresponde 273°K y 373°K respectivamente.

Viscosidad

Es la resistencia que opone un fluido al movimiento o a escurrir. Esta propiedad física está relacionada en forma directa con la temperatura. Si la temperatura aumenta, la viscosidad de un fluido líquido disminuye y al revés, si la temperatura disminuye la viscosidad aumenta.

Viscosidad dinámica o absoluta

Entre las moléculas de un fluido se presentan fuerzas que mantienen unido al líquido, denominadas de cohesión. Al desplazarse o moverse las moléculas con respecto a otras, entonces se produce fricción. El coeficiente de fricción interna de un fluido se denomina viscosidad y se designa con la letra griega μ.

Unidades: Kg .s / m^2

Viscosidad Cinemática

Corresponde a la relación que existe entre la viscosidad dinámica μ y la densidad ρ.

$$\delta = \frac{\mu}{\rho}$$

Unidades: m^2/s

Trabajo

Se puede definir como la aplicación de una fuerza para causar el movimiento de un cuerpo a través de una distancia o en otras palabras es el efecto de una fuerza sobre un cuerpo que se refleja en el movimiento de éste.

$$Tr = F * d$$

Donde:
    Tr = Trabajo
    F = Fuerza
    d = Distancia

Unidades: Sistema Internacional: N . m ⇨ Joule (J)

Sistema Técnico: Kg . m

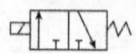

Sistema Inglés: lb/pie

Potencia

Todo trabajo se realiza durante un cierto tiempo finito. La potencia es el tiempo con la que el trabajo es realizado.

$$Pot = \frac{F * d}{t} \qquad Pot = \frac{Tr}{t}$$

Unidades: Sistema Internacional: J/s ⇨ Watt (W)

Sistema Técnico: Kg * m / s

Sistema Inglés: lb/pie / s

Equivalencias: 1 HP = 76 Kg . m / s

1 CV = 75 Kg . m / s

1 HP = 745 Watt

1 CV = 736 Watt

Caudal

Se define como el volumen de fluido que atraviesa una determinada sección transversal de un conducto por unidad de tiempo.

$$Q = \frac{V}{t}$$

Donde:

Q = Caudal
V = Volumen
t = Tiempo

Unidades: lt/min

m^3/h

Gal/min

Equivalencias: 1 litro = 0,2642 galones

Definición de fluidos

Es aquella sustancia que por efecto de su poca cohesión intermolecular, no posee forma propia y adopta la forma del envase que lo contiene.

Los fluidos pueden clasificarse en gases y líquidos.

Fluidos Hidráulicos

Misión de un fluido en oleohidráulica

1. Transmitir potencia
2. Lubricar

3. Minimizar fugas

4. Minimizar pérdidas de carga

Fluidos empleados

- Aceites minerales procedentes de la destilación del petróleo
- Agua – glicol
- Fluidos sintéticos
- Emulsiones agua – aceite

Generalidades

El aceite en sistemas hidráulicos desempeña la doble función de lubricar y transmitir potencia.

Constituye un factor vital en un sistema hidráulico, y por lo tanto, debe hacerse una selección cuidadosa del aceite con la asistencia de un proveedor técnicamente bien capacitado. Una selección adecuada del aceite asegura una vida y funcionamiento satisfactorios de los componentes del sistema, principalmente de las bombas y motores hidráulicos y en general de los actuadores. Algunos de los factores especialmente importantes en la

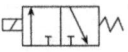
selección del aceite para el uso en un sistema hidráulico industrial, son los siguientes:

1. El aceite debe contener aditivos que permitan asegurar una buena característica antidesgaste. No todos los aceites presentan estas características de manera notoria.

2. El aceite debe tener una viscosidad adecuada para mantener las características de lubricante y limitante de fugas a la temperatura esperada de trabajo del sistema hidráulico.

3. El aceite debe ser inhibidor de oxidación y corrosión.

4. El aceite debe presentar características antiespumantes.

Para obtener una óptima vida de funcionamiento, tanto del aceite como del sistema hidráulico; se recomienda una temperatura máxima de trabajo de 65ºC.

Principio de pascal

La ley de Pascal, enunciada en palabras simples indica que: "Si un fluido confinado se le aplican fuerzas externas, la presión generada se transmite

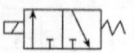

íntegramente hacia todas las direcciones y sentidos y ejerce además fuerzas iguales sobre áreas iguales, actuando estas fuerzas normalmente en las paredes del recipiente". En los primeros años de la Revolución Industrial, un mecánico de origen británico llamado Joseph Bramah, utilizó el descubrimiento de Pascal y por ende el llamado Principio de Pascal para fabricar una prensa hidráulica. Bramah pensó que si una pequeña fuerza, actuaba sobre un área pequeña, ésta crearía una fuerza proporcionalmente más grande sobre una superficie mayor, el único límite a la fuerza que puede ejercer una máquina, es el área a la cual se aplica la presión.

Problema:

¿Qué fuerza F1 se requiere para mover una carga K de 10.000 kg?

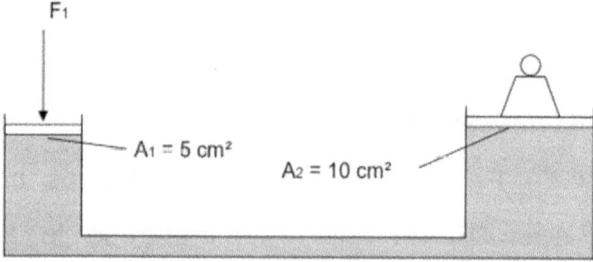

Como: $p = \dfrac{F}{A}$

$A_2 = 10 \ cm^2$ $p_2 = \dfrac{10.000 \ kgf}{10 \ cm^2}$ => $p_2 = 1.000 \ kgf/cm^2$
$K = 10.000 \ kgf$

Como en un circuito cerrado, de acuerdo al principio
de Pascal, la presión es igual en todas direcciones
normales a las superficies de medición, se puede
decir que la presión aplicada al área 2 es igual que la
aplicada al área 1.

$p_1 = p_2$

$F = p \times A$ $F_1 = 1.000 \ kgf/cm^2 \times 5 \ cm^2$ => $F_1 = 5.000 \ kgf$

De esto se concluye que el área es inversamente
proporcional a la presión y directamente proporcional
a la fuerza. Para el ejemplo se tiene que el equilibrio
se logra aplicando una fuerza menor que el peso ya
que el área es menor que la que soporta el peso. Un
claro ejemplo de esto son las grúas hidráulicas.

Principio de continuidad

La ley de continuidad está referida a líquidos, que
como ya se sabe, son incompresibles, y por lo tanto
poseen una densidad constante, esto implica que si
por un conducto que posee variadas secciones,
circula en forma continua un líquido, por cada tramo

de conducción o por cada sección pasarán los mismos volúmenes por unidad de tiempo, es decir el caudal se mantendrá constante; entendiendo por caudal la cantidad de líquido que circula en un tiempo determinado. (Q= V/t).

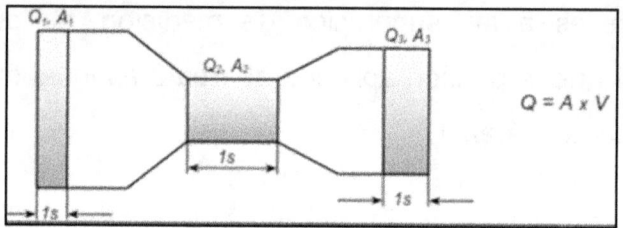

$A_1 \times v_1 = A_2 \times v_2 = A_3 \times v = $ Constante; ésta representa la expresión matemática de la

Ley o principio de continuidad: las velocidades y las secciones o áreas son inversamente proporcionales entre sí. Como habitualmente las secciones son circulares, podemos traducir la expresión:

$$\left(\pi \times r_1^2\right) \times v_1 = \left(\pi \times r_2^2\right) \times v_2$$

Problema

Si se tiene que una bomba de una hidrolavadora entrega a una manguera de 5 cm de diámetro un caudal tal que la velocidad del flujo es de 76,3 m/min, al llegar a la boquilla de salida sufre una reducción

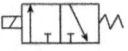
brusca a 1 mm de diámetro. ¿Cuál es la velocidad de salida del agua? Usando la ecuación anterior, se tiene:

$$V_2 = \frac{(\pi \times r_1^2) \times V_1}{(\pi \times r_2^2)}$$

$$V_2 = (\pi \times 2,5^2 \, cm^2) \times 76,3 \, m/min$$

$$V_2 = 190.750,0 \, m/min$$

Ecuación de la energía (Teorema de Bernoulli)

El fluido hidráulico, en un sistema que trabaja contiene energía bajo tres formas:

-Energía potencial: que depende de la altura de la columna sobre el nivel de referencia y por ende de la masa del líquido.

-Energía hidrostática: debida a la presión.

-Energía cinética: o hidrodinámica debida a la velocidad.

El principio de Bernoulli establece que la suma de estas tres energías debe ser constante en los distintos puntos del sistema, esto implica por ejemplo, que si el diámetro de la tubería varía, entonces la velocidad del líquido cambia. Así pues, la energía cinética aumenta

o disminuye; como ya es sabido, la energía no puede crearse ni destruirse, en consecuencia esta variación de energía cinética será compensada por un aumento o disminución de la energía de presión. Lo antes mencionado, se encuentra resumido en la siguiente ecuación:

$$h + \frac{P}{\gamma} + \frac{v^2}{2g} = \text{Constante}$$

Donde:

h	=	Altura
P	=	Presión
γ	=	Peso específico del líquido
v	=	Velocidad
g	=	Aceleración gravitatoria
h	=	Energía potencial
P/γ	=	Energía de presión
$v^2/2g$	=	Energía cinética o de velocidad

Por lo tanto si se consideran dos puntos de un sistema, la sumatoria de energía debe ser constante en condiciones ideales; así se tiene que:

$$h_1 + \frac{P_1}{\gamma} + \frac{v_1^2}{2g} = h_2 + \frac{P_2}{\gamma} + \frac{v_2^2}{2g}$$

En tuberías horizontales, se considera h1 = h2; por lo tanto:

$$\cancel{h_1}^{0} + \frac{P_1}{\gamma} + \frac{v_1^2}{2g} = \cancel{h_2}^{0} + \frac{P_2}{\gamma} + \frac{v_2^2}{2g}$$

E presión$_1$ + E velocidad$_1$ = E presión$_2$ + E velocidad$_2$

En la realidad, los accesorios, la longitud de la tubería, la rugosidad de la tubería, la sección de las tuberías y la velocidad del flujo provocan pérdidas o caídas de presión que son necesarias considerar a la hora de realizar balances energéticos, por lo tanto la ecuación se traduce en:

$$\frac{P_1}{\gamma} + \frac{v_1^2}{2g} = \frac{P_2}{\gamma} + \frac{v_2^2}{2g} + \textbf{Pérdidas}_{\text{regulares y singulares}}$$

Condición real y con altura cero, o sistema en posición horizontal.

-Pérdidas regulares: están relacionadas con las características propias de la tubería Pérdidas singulares: se refiere a las pérdidas o caídas de presión que provocan los accesorios. (Válvulas, codos, reguladoras de presión, etc.).

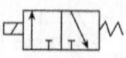
Problema

¿Cuál es la presión en el punto 2?

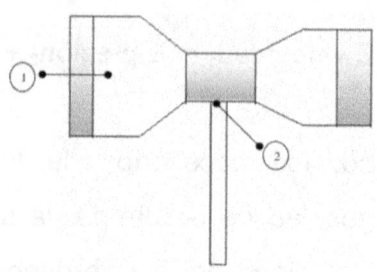

Se tienen los siguientes datos:

V1 = 67,3 m/min

p1 = 3 bar

V2 = 683 m/min

γ = 1 kgf/ cm³

Como ya vimos, en una disminución de sección de una cañería la velocidad aumenta, pero ¿Qué sucede con las presiones asociadas? Comparemos los puntos 1 y 2 a través de la ecuación de balance de energía.

$$h_1 + \frac{p_1}{\gamma} + \frac{v_1^2}{2g} = h_2 + \frac{p_2}{\gamma} + \frac{v_2^2}{2g}$$

Como la altura se puede despreciar, la ecuación queda:

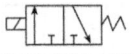

$$\frac{p_1}{\gamma} + \frac{v_1^2}{2g} = \frac{p_2}{\gamma} + \frac{v_2^2}{2g}$$

Despejando p2, queda:

$$p_2 = \left(\frac{p_1}{\gamma} + \frac{v_1^2}{2g} - \frac{v_2^2}{2g} \right) \times \gamma$$

Reemplazando

$$p_2 = \left(\frac{3kgf\,/\,cm^2}{1kgf\,/\,cm^3} + \frac{67{,}3^2\,m^2\,/\,\min^2}{2 \times 9{,}8m\,/\,s^2} - \frac{683^2\,m^2\,/\,\min^2}{2 \times 9{,}8m\,/\,s^2} \right) \times 1kgf\,/\,cm^3$$

$$p_2 = (3cm + 6cm - 660cm) \times 1kgf\,/\,cm^3$$

$$p_2 = -659kgf\,/\,cm^2$$

Por lo tanto, al aumentar la energía cinética (de movimiento) disminuyen el resto de las energías, en este caso la energía de presión, a tal grado que provoca un vacío facilitando la succión de otro elemento por el tubo dispuesto al centro de la garganta, este fenómeno se puede apreciar en los carburadores de automóviles y en pistolas para pintar, entre otros ejemplos.

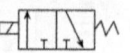

Elementos y accesorios hidráulicos

Bombas

Las bombas hidráulicas son los elementos encargados de impulsar el aceite o líquido hidráulico, transformando la energía mecánica rotatoria en energía hidráulica.

El proceso de transformación de energía se efectúa en dos etapas: Aspiración y descarga.

Aspiración

Al comunicarse energía mecánica a la bomba, ésta comienza a girar y con esto se genera una disminución de la presión en la entrada de la bomba, como el depósito de aceite se encuentra sometido a presión atmosférica, se genera entonces una diferencia de presiones lo que provoca la succión y con ello el impulso del aceite hacia la entrada de la bomba.

Descarga

Al entrar aceite, la bomba lo toma y lo traslada hasta la salida y se asegura por la forma constructiva que el

fluido no retroceda. Dado esto, el fluido no encontrará más alternativa que ingresar al sistema que es donde se encuentra espacio disponible, consiguiéndose así la descarga.

Clasificación de las Bombas

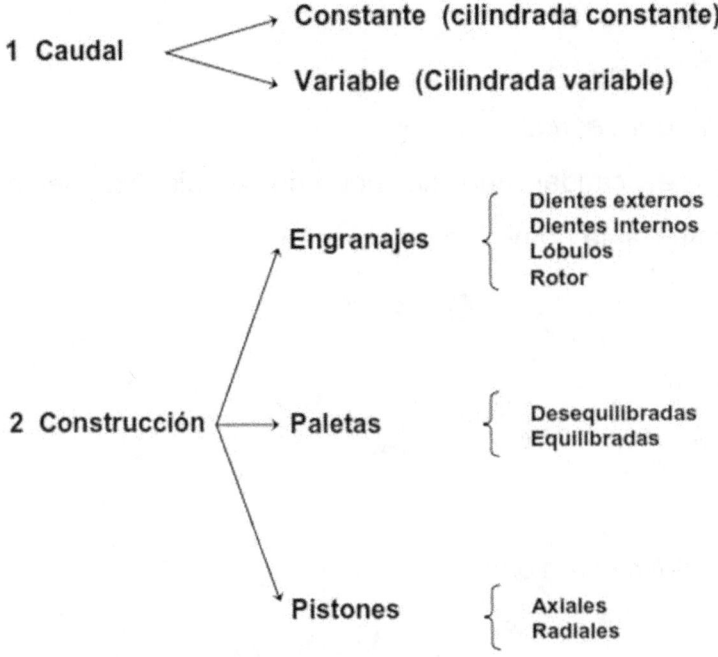

Cilindrada

Se refiere al volumen de aceite que la bomba puede entregar en cada revolución.

$$C = \frac{\pi * (D^2 - d^2) * l}{4}$$

Donde:

D = Diámetro mayor del engranaje
d = Diámetro menor del engranaje
l = Ancho del engranaje

Unidades: cm^3/rev

Caudal Teórico

Es el caudal que de acuerdo al diseño, debiera entregar la bomba (caudal Ideal).

$$Q_T = C * N$$

Donde:

C = Cilindrada (cm^3/rev)
N = Rpm $(1/rev)$

Rendimiento volumétrico

$$\eta_V = \frac{Q_R}{Q_T} * 100$$

Donde:

Q_R = Caudal Real
Q_T = Caudal Teórico

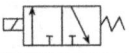
Bombas de desplazamiento positivo

Gracias al movimiento cíclico constante de su parte móvil, una bomba de desplazamiento positivo es capaz de entregar un caudal constante de líquido y soportar (dentro de sus límites) cualquier presión que se requiera. En otras palabras, una bomba de desplazamiento positivo genera caudal, pero a alta presión. Una bomba de desplazamiento positivo consiste básicamente de una parte móvil alojada dentro de una carcasa. La bomba mostrada en la figura tiene un émbolo como parte móvil. El eje del émbolo está conectado a una máquina de potencia motriz capaz de producir un movimiento alternativo constante del émbolo. El puerto de entrada está conectado al depósito, en los puertos de entrada y salida, una bola permite que el líquido fluya en un solo sentido a través de la carcasa.

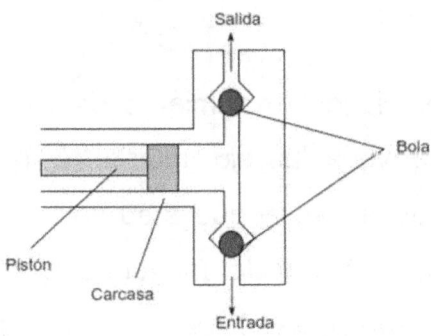

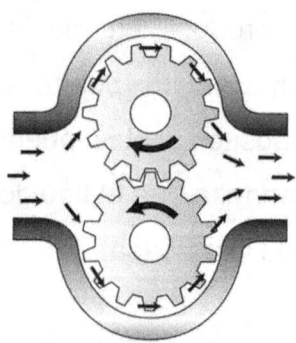

Estas bombas las constituyen las del tipo oleohidráulico, es decir, bombas que además de generar el caudal, lo desplazan al sistema obligándolo a trabajar, este fenómeno se mantiene aún a elevadas presiones de funcionamiento. Las bombas pueden clasificarse además dependiendo de la forma en que se desplaza la parte móvil de éstas; si el desplazamiento es rectilíneo y alternado, entonces se llamarán oscilantes, y si el elemento móvil gira se llamarán rotativas.

Bomba de engranajes de dientes externos

A consecuencia del movimiento de rotación que el motor le provoca al eje motriz, éste arrastra al engranaje respectivo el que a su vez provoca el giro del engranaje conducido (segundo engranaje). Los engranajes son iguales en dimensiones y tienen

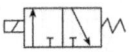
sentido de giro inverso. Con el movimiento de los engranajes, en la entrada de la bomba se originan presiones negativas; como el aceite que se encuentra en el depósito está a presión atmosférica, se produce una diferencia de presión, la que permite el traslado de fluido desde el depósito hacia la entrada de la bomba (movimiento del fluido). Así los engranajes comienzan a tomar aceite entre los dientes y a trasladarlo hacia la salida o zona de descarga. Por efecto del hermetismo de algunas zonas, el aceite queda impedido de retroceder y es obligado a circular en el sistema.

Problema

Se tiene una bomba de engranajes de dientes externos cuyo diámetro exterior es de 27 mm y diámetro interior 20 mm y tiene un ancho de 12 mm. La bomba funciona a 1450 rpm. Determine el Caudal teórico y el rendimiento volumétrico, si al medir el caudal real se obtiene un valor de 3,8 lt/min.

$$C = \pi * \frac{(D^2 - d^2)}{4} * l$$

$$C = \pi * \frac{(2.7^2 - 2^2)}{4} * 1,2 \ cm$$

$$\boxed{C = 3{,}10075 \ cm^3/rev}$$

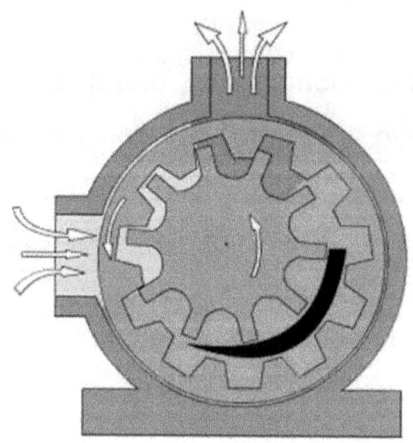
$$Q_T = C * N$$

$$Q_T = 3,10075 \ cm^3/rev \ * \ 1450 \ rev/min$$

$$Q_T = 4496,09 \ cm^3/min$$

$$\boxed{Q_T = \mathbf{4,496 \ lt/min}}$$

$$\eta_V = \frac{Q_R}{Q_T} * 100$$

$$\eta_V = \frac{3,8 \ lt/min}{4,496 \ lt/min} * 100$$

$$\boxed{\eta_V = \mathbf{84,63\%}}$$

Bomba de engranajes de dientes internos

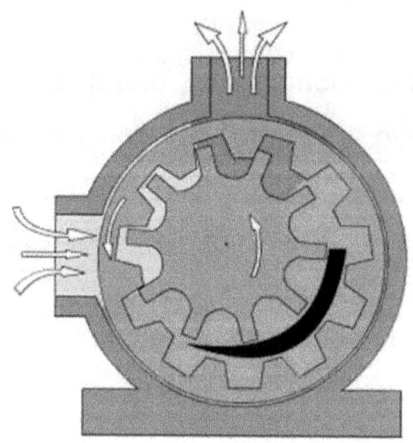

Esta bomba la constituyen elementos como, engranajes de dientes externos (motriz), engranajes

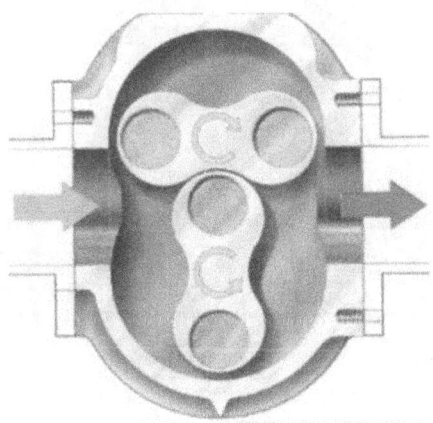

de dientes internos (conducido) y una placa en forma de media luna. Existe una zona donde los dientes engranan completamente en la cual no es posible alojar aceite entre los dientes. Al estar los engranajes ubicados excéntricamente comienzan a separarse generando un aumento del espacio con lo cual se provoca una disminución de presión lo que asegura la aspiración de fluido. Logrado esto, el aceite es trasladado hacia la salida, la acción de la placa con forma de media luna y el engrane total, impiden el retrocesos del aceite.

Bomba de lóbulos

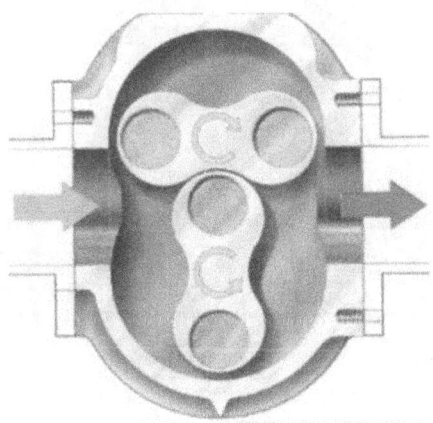

Esta bomba funciona siguiendo el principio de la bomba de engranajes de dientes externos, es decir, ambos elementos giran en sentidos opuestos, con lo que se logra aumentar el volumen y disminuir la presión y por ello conseguir la aspiración del fluido. Por la forma constructiva de los engranajes el caudal desplazado puede ser mayor. Se genera una sola zona de presión, por lo cual esta bomba constituye una del tipo desequilibrada, y al no podérsele variar la cilindrada, se dice entonces que la bomba es de caudal constante.

Bomba de paletas desequilibradas

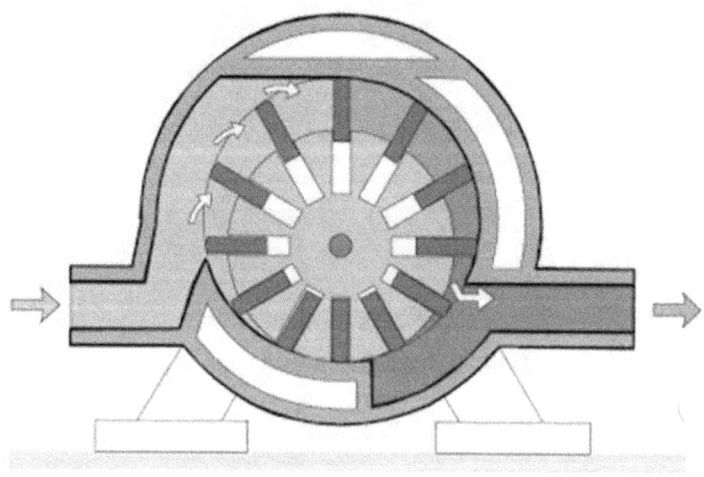

Al girar el rotor dentro del anillo volumétrico y ubicado en forma excéntrica a éste, se genera por lo tanto una cierta diferencia que permite en algunos casos controlar la cilindrada. Gracias a la excentricidad se genera una zona que hace las veces de cierre hermético que impide que el aceite retroceda. A partir de esta zona y producto de la fuerza centrífuga, las paletas salen de las ranuras del rotor, ajustándose a la superficie interna del anillo, así entre cada par de paletas se crean cámaras que hacen aumentar el volumen y disminuir la presión, con lo que es posible asegurar el continuo suministro de aceite. El aceite es tomado en estas cámaras y trasladado a la zona de descarga. Al tener la bomba una sola zona de alta presión se originan fuerzas que no son compensadas, lo que indica que la bomba se trata de una bomba desequilibrada.

Bomba de paletas equilibradas

Se distingue en este tipo de bomba las siguientes situaciones:

- Anillo volumétrico.

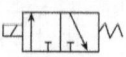
– El rotor y el anillo están ubicados concéntricamente.

– Posee dos zonas de aspiración y dos de descarga, por lo tanto la aspiración y descarga se realiza dos veces en cada revolución.

– Su caudal es fijo.

– Las fuerzas resultantes se anulan, por lo tanto la bomba es equilibrada.

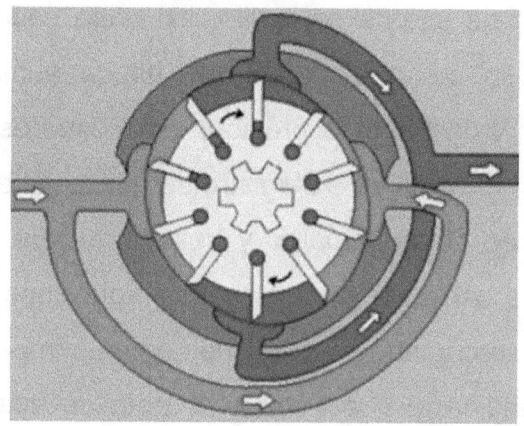

Bombas de Pistones

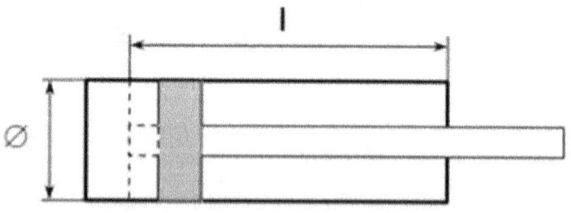

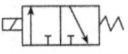

$$V = A * l \qquad C = V * n \qquad Q_T = C * N$$

Donde:

n = número de cilindros

Si podemos actuar sobre la carrera del pistón podremos variar la cilindrada y como consecuencia, variar el caudal.

Problema

Se tiene una bomba de pistones cuyos cilindros tiene un diámetro de 12 mm y una carrera de 50 mm, la bomba gira a 1450 rpm y entrega un caudal de 68 lt/min. Determine la cilindrara, el caudal teórico, el rendimiento volumétrico y el largo de la carrera, si disminuye el caudal teórico en un 10%; la bomba la conforman 9 cilindros.

Definición

Estas bombas se emplean en gran cantidad dada la gran capacidad de otorgar trabajo y caudal con altos niveles de presiones. Existen dos tipos, y su diferencia está dada por la posición de los émbolos o pistones

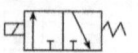
– Bomba de pistones axiales

– Bomba de pistones radiales

Bomba de pistones axiales

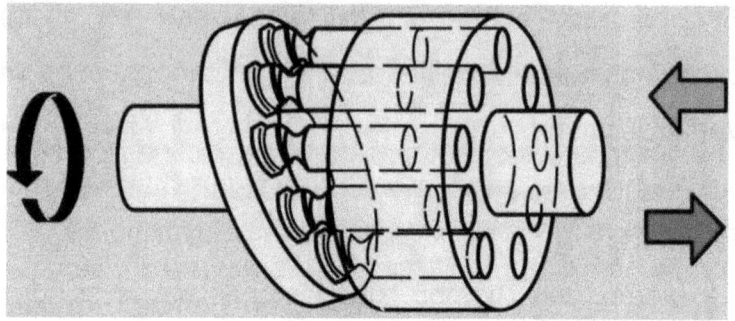

Al girar el eje, comunica un movimiento circular al bloque de cilindros. Este movimiento en conjunto con la inclinación de la placa, determina que el pistón desarrolle internamente en el cilindro un movimiento alternativo que permite el desarrollo de los procesos de aspiración y descarga.

En la primera parte del proceso, los pistones se retraen provocando un aumento de volumen y una disminución de la presión con lo que se genera la aspiración.

En la segunda etapa, los pistones comienzan a entrar y con esto se disminuye el volumen y como consecuencia se produce la descarga. Si fuera posible variar la inclinación de la placa, la bomba será de caudal variable.

Bomba de pistones radiales

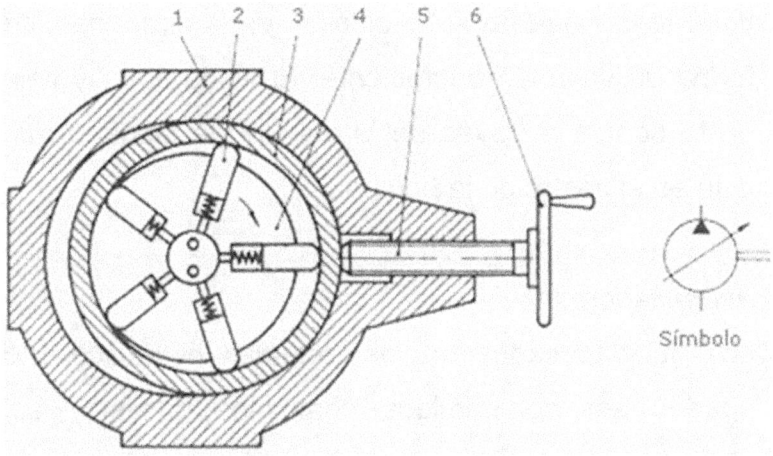

Símbolo

En la figura vemos el esquema de funcionamiento de una bomba de pistones radiales de caudal variable. En éste caso y con el objeto de simplificar, se representa la variación de caudal de forma manual mediante el volante (6) y el husillo (5) que tienen como objeto producir un desplazamiento del anillo (3) sobre el alojamiento de la bomba (1). Este desplazamiento provoca en el rotor (4) una excentricidad variable, haciendo que al girar dicho rotor la carrera de los pistones (2) varíe proporcionalmente a dicho desplazamiento y se consiga de esta manera modificar el caudal que suministra la bomba.

El mecanismo de bombeo de la bomba de pistones radiales consiste en un barril de cilindros, pistones, un anillo y una válvula de bloqueo. Este mecanismo es

muy similar al de una bomba de paletas, sólo que en vez de usar paletas deslizantes se usan pistones. El barril de cilindros que aloja los pistones está excéntrico al anillo. Conforme el barril de cilindros gira, se forma un volumen creciente dentro del barril durante la mitad de la revolución, en la otra mitad, se forma un volumen decreciente. El fluido entra y sale de la bomba a través de la válvula de bloqueo que está en el centro de la bomba.

Acumuladores

Los fluidos usados en los sistemas hidráulicos no pueden ser comprimidos como los gases y así almacenarse para ser usados en diferentes lugares o a tiempos distintos. Un acumulador consiste en un depósito destinado a almacenar una cantidad de fluido incompresible y conservarlo a una cierta presión mediante una fuerza externa. El fluido hidráulico bajo presión entra a las cámaras del acumulador y hace una de estas tres funciones: comprime un resorte, comprime un gas o levanta un peso, y posteriormente cualquier caída de presión en el sistema provoca que el elemento reaccione y fuerce al fluido hacia fuera

otra vez. Los acumuladores, en los cilindros hidráulicos se pueden aplicar como:

- Acumulador de energía.
- Antigolpe de ariete.
- Antipulsaciones.
- Compensador de fugas.
- Fuerza auxiliar de emergencias.
- Amortiguador de vibraciones.
- Transmisor de energía de un fluido a otro.

Acumulador de contrapeso

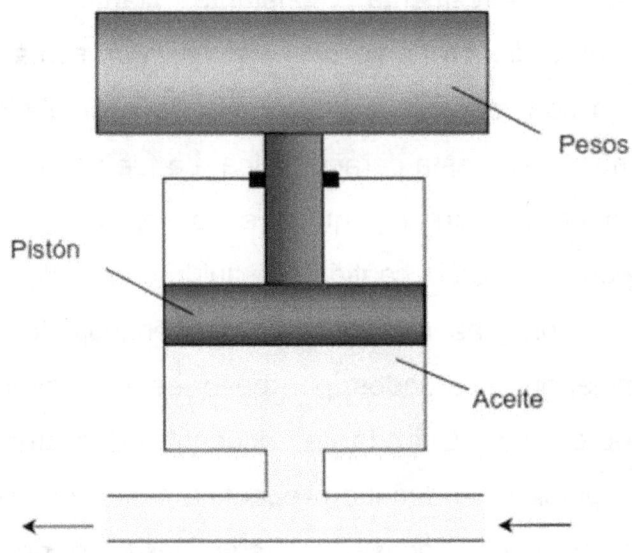

El acumulador cargado por peso, ejerce una fuerza sobre el líquido almacenado, por medio de grandes pesos que actúan sobre el pistón o émbolo. Los pesos pueden fabricarse de cualquier material pesado, como hierro, concreto e incluso agua. Generalmente los acumuladores cargados por peso son de gran tamaño; en algunos casos su capacidad es de varios cientos de litros. Pueden prestar servicio a varios sistemas hidráulicos al mismo tiempo y usualmente son utilizados en fábricas y sistemas hidráulicos centrales. Su capacidad para almacenar fluidos a presión relativamente constante, tanto si se encuentran llenos como casi vacíos, representa una ventaja con respecto a otros tipos de acumuladores que no poseen esta característica. La fuerza aplicada por el peso sobre el líquido es siempre la misma independiente de la cantidad de fluido contenido en el acumulador. Una circunstancia desventajosa de los acumuladores cargados por peso es que generan sobrepresiones. Cuando se encuentran descargando con rapidez y se detienen repentinamente, la inercia del peso podría ocasionar variaciones de presión excesivas en el sistema. Esto puede producir fugas en

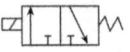

las tuberías y accesorios, además de causar la fatiga del metal, lo cual acorta la vida útil de los componentes.

Acumulador cargado por muelle

En los acumuladores cargados por resorte, la fuerza se aplica al líquido almacenado por medio de un pistón sobre el cual actúa un resorte. Suelen ser más pequeños que los cargados por peso y su capacidad es de sólo algunos litros. Usualmente dan servicio a sistemas hidráulicos individuales y operan a baja presión en la mayoría de los casos. Mientras el líquido se bombea al interior del acumulador, la presión del fluido almacenado se determina por la compresión del resorte. Si el pistón se moviese hacia arriba y comprimiera diez pulgadas al resorte, la presión almacenada sería mayor que en el caso de un resorte comprimido tan sólo cuatro pulgadas. A pesar de los sellos del pistón, cierta cantidad de fluido almacenado podría infiltrarse al interior de la cámara del resorte del acumulador. Para evitar la acumulación de fluido, un orificio de respiración practicado en la cámara permitirá la descarga del fluido cuando sea necesario.

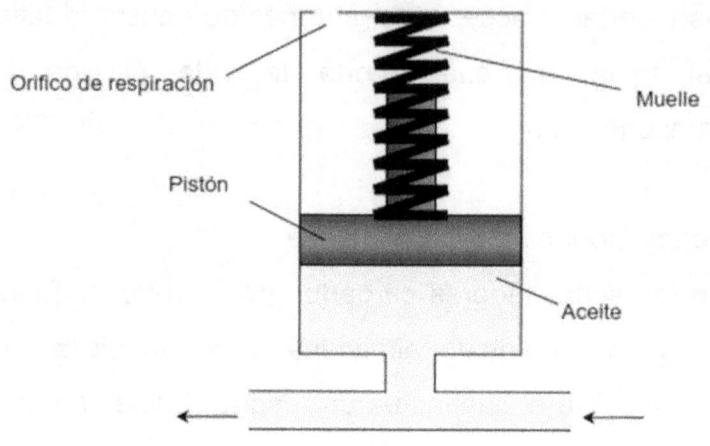

Depósito o tanque

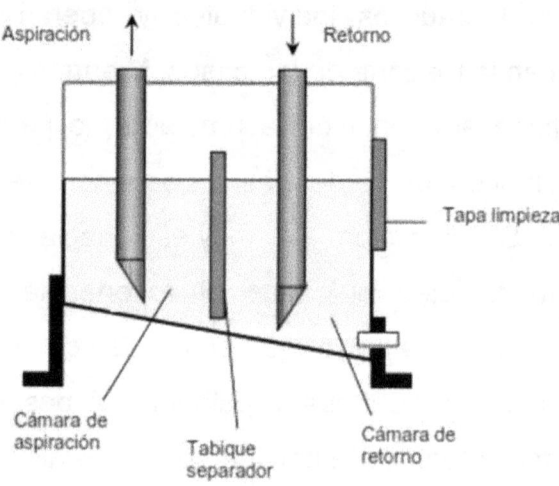

La función natural de un tanque hidráulico es contener o almacenar el fluido de un sistema hidráulico.

En qué consiste un tanque hidráulico

En un sistema hidráulico industrial, en donde no hay problemas de espacio y puede considerarse la obtención de un buen diseño, los tanques hidráulicos consisten de cuatro paredes (normalmente de acero), un fondo con desnivel, una tapa plana con una placa para montaje, cuatro patas, líneas de succión, retorno y drenaje; tapón de drenaje, indicador de nivel de aceite; tapón para llenado y respiración; una cubierta de registro para limpieza y un tabique separador o placa deflectora. Además de funcionar como un contenedor de fluido, un tanque también sirve para enfriar el fluido, permitir asentarse a los contaminantes y el escape del aire retenido. Cuando el fluido regresa al tanque, una placa deflectora bloquea el fluido de retorno para impedir su llegada directamente a la línea de succión. Así se produce una zona tranquila, la cual permite sedimentarse a las partículas grandes de suciedad, que el aire alcance la superficie del fluido y da oportunidad de que el calor se disipe hacia las paredes del tanque. La desviación del fluido es un aspecto muy importante en la adecuada operación del tanque. Por esta razón, todas

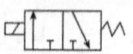

las líneas que regresan fluido al tanque deben colocarse por debajo del nivel del fluido y en el lado de la placa deflectora opuesto al de la línea de succión.

Tipos de tanques

Los tanques industriales vienen en una amplia variedad de estilos entre los cuales está el tanque con arreglo en L, el superior y el convencional. El tanque convencional es el que se usa más frecuentemente en la industria.

Los tanques superiores y con arreglo en L, ejercen una carga positiva de fluido sobre la bomba.

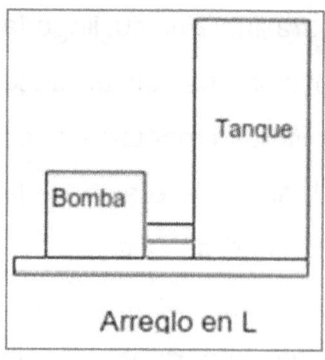

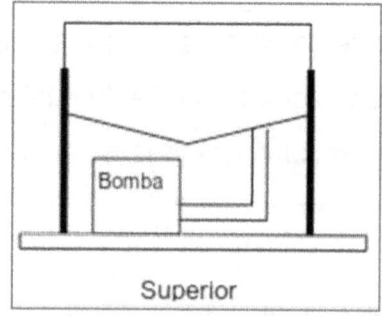

Válvulas

Los sistemas hidráulicos lo constituyen:

- Elementos de información
- Órganos de mando
- Elementos de trabajo

Para el tratamiento de la información y órganos de mando es preciso emplear aparatos que controlen y dirijan el flujo de forma preestablecida, lo que obliga a disponer de una serie de elementos que efectúen las funciones deseadas relativas al control y dirección del flujo del aire comprimido o aceite. En los principios del automatismo, los elementos reseñados se mandan manual o mecánicamente. Cuando por necesidades de trabajo se precisaba efectuar el mando a distancia, se utilizaban elementos de comando por émbolo neumático (servo). Actualmente, además de los mandos manuales para la actuación de estos elementos, se emplean para el comando procedimientos que efectúan en casi su totalidad el tratamiento de la información y de la amplificación de señales. La gran evolución de la hidráulica ha hecho, a su vez, evolucionar los procesos para el tratamiento

y amplificación de señales, y por tanto, hoy en día se dispone de una gama muy extensa de válvulas y distribuidores que nos permiten elegir el sistema que mejor se adapte a las necesidades. Hay veces que el comando se realiza hidráulicamente y otras nos obliga a recurrir a la electricidad por razones diversas, sobre todo cuando las distancias son importantes y no existen circunstancias adversas.

Las válvulas en términos generales, tienen las siguientes misiones:

- Distribuir el fluido
- Regular caudal
- Regular presión

Válvulas distribuidoras

Son válvulas de varios orificios (vías) los cuales determinan el camino el camino que debe seguir el fluido bajo presión para efectuar operaciones tales como puesta en marcha, paro, dirección, etc.

Pueden ser de dos, tres, cuatro y cinco vías correspondiente a las zonas de trabajo y, a la aplicación de cada una de ellas, estará en función de las operaciones a realizar.

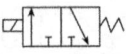
Hay que distinguir, principalmente:

1. Las vías, número de orificios correspondientes a la parte de trabajo.

2. Las posiciones, las que puede adoptar el distribuidor para dirigir el flujo por una u otra vía, según necesidades de trabajo.

Clasificación de las válvulas direccionales

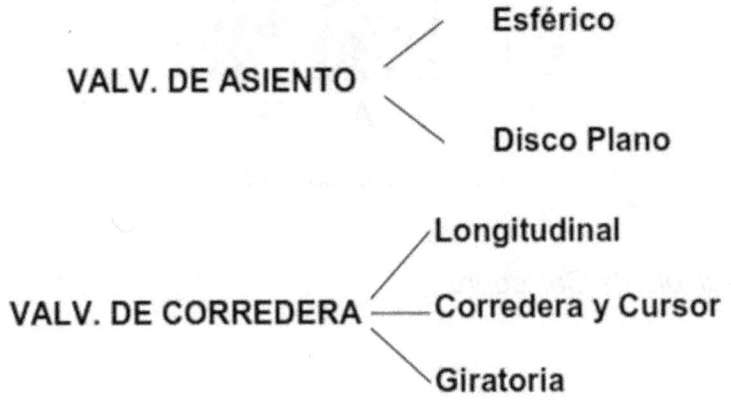

VALV. DE ASIENTO
- **Esférico**
- **Disco Plano**

VALV. DE CORREDERA
- **Longitudinal**
- **Corredera y Cursor**
- **Giratoria**

Válvula de asiento esférico y de disco plano

Las válvulas de asiento presentan el problema de que el accionamiento en una de las posiciones de la válvula debe vencer la fuerza ejercida por el resorte y aquella, producto de la presión. Esto hace necesario una fuerza de accionamiento relativamente alta. En general presentan un tipo de respuesta pequeña, ya que un corto desplazamiento determina que pase un gran caudal.

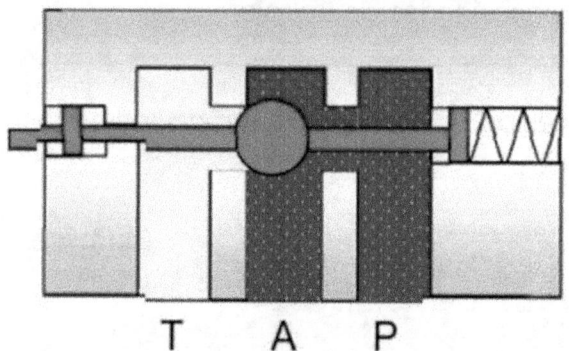

T   A   P

Válvula de asiento esférico

Válvula de Corredera

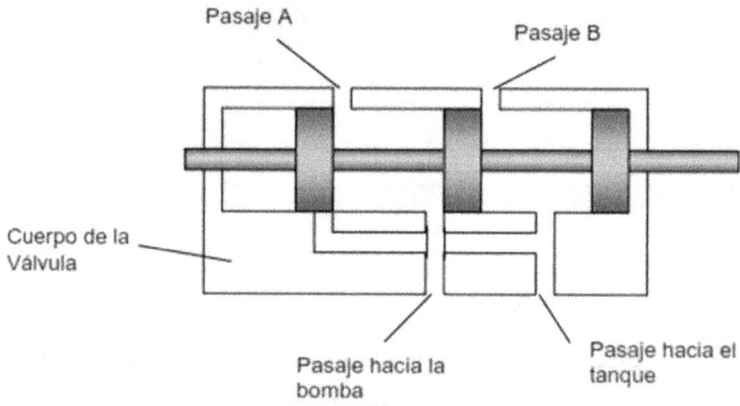

Pasaje A

Pasaje B

Cuerpo de la Válvula

Pasaje hacia la bomba

Pasaje hacia el tanque

Una válvula de corredera consiste en un cuerpo que en su interior contiene una parte móvil y una serie de pasajes internos. La parte móvil puede (al adoptar diversas posiciones) desconectar o comunicar entre sí, de diversas formas, a estos pasajes internos. La parte móvil la constituye una pieza torneada que puede deslizarse (como si fuera un pistón) dentro de una cavidad cilíndrica que tiene el cuerpo de la válvula. La forma de esta parte móvil en el caso de las válvulas direccional se asemeja a un grupo de varios émbolos pequeños, unidos a un eje que los atraviesa por el centro y que los mantiene separado entre sí. En inglés este tipo de obturador recibe el nombre de "spool".

Funcionamiento de la válvula

La válvula en estudio, corresponde a una válvula distribuidora de corredera 4/2, lo que significa que posee 4 vías (A, B, P y T) y 2 posiciones (con el conmutador hacia la derecha y con el conmutador hacia la izquierda). En la primera posición (Figura 1) el conmutador comunica la línea de presión P con la línea de trabajo A y la línea de trabajo B queda comunicada con tanque T, por lo tanto el fluido que proviene de la bomba se dirige hacia A y el fluido de B retorna al tanque o depósito del sistema. En la segunda posición (Figura 2) ocurre exactamente lo contrario, la línea de presión P queda comunicada con la línea de trabajo B y la línea de trabajo A se comunica con tanque T.

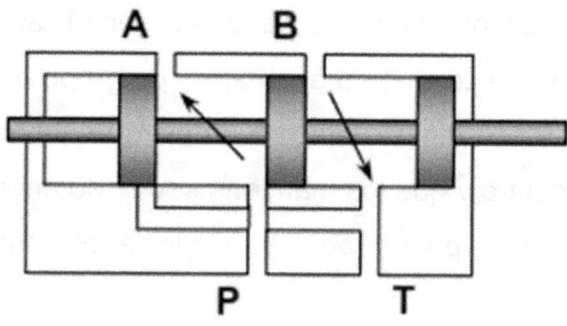

Fig. 1

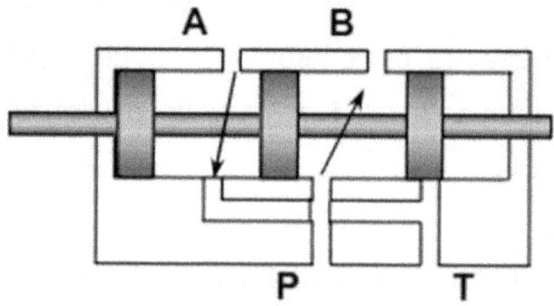

Fig. 2

Válvula de corredera y cursor

En este tipo de válvula, la comunicación entre las distintas conexiones se realiza gracias a la acción de un cursor.

La ventaja en la utilización de este elemento, radica en el hecho de que el resorte lo apoya continuamente, supliendo el desgaste natural del cursor por efecto del rozamiento interno, en la válvula vista anteriormente, el rozamiento no es compensado de manera que el desgaste de la corredera puede permitir la filtración a otras conexiones.

En este tipo de válvulas, las fuerzas de accionamiento son comparativamente pequeñas, comparadas con las válvulas de asiento.

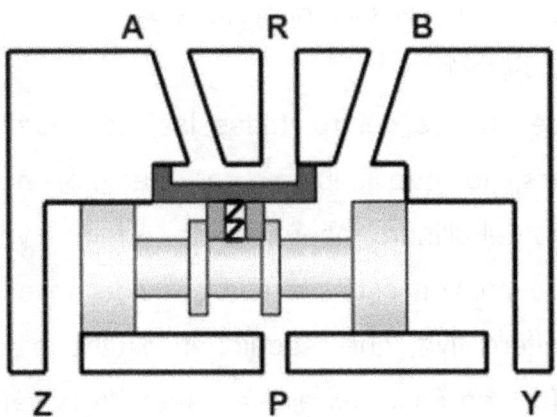

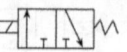
Válvula giratoria o rotativa

Las válvulas distribuidoras hasta ahora vistas son de inversión axial. Existe otra configuración, que es la inversión rotativa. La figura siguiente, muestra una válvula de tres vías y dos posiciones. El rotor gira 180° para carga o descarga del aceite.

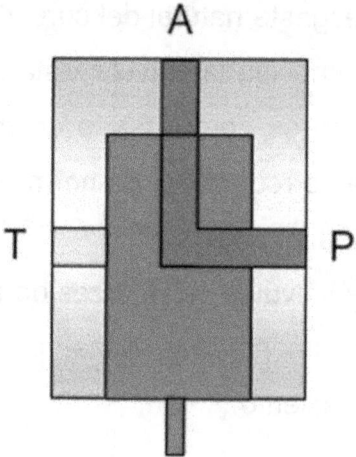

Centros de las válvulas direccionales

Centro cerrado

En este tipo de centro, todas las vías permanecen cerradas, lo que impide, por ejemplo, mover el vástago del cilindro manualmente. Además ya que la línea de presión está cerrada el fluido no encuentra más alternativa que seguir al estanque o a la atmósfera en caso del aire a través de la válvula de

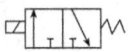

seguridad. Esta situación origina lo siguiente: el aceite debe vencer la resistencia que opone el resorte de dicha válvula por lo cual se eleva la presión hasta el nivel máximo, punto en el cual la válvula se abre y permite la descarga de la bomba a alta presión.

Centro Tándem

Aquí, en la posición central de la válvula direccional, se bloquean las conexiones de trabajo, por lo tanto el sistema no puede ser movido manualmente. Por otro lado, las conexiones de presión y tanque, están comunicadas, lo que permite que la bomba en esta posición descargue directamente al depósito y a baja presión. La reacción del sistema, cuando se ubica en una posición de trabajo es por lo tanto más lenta que en el caso anterior.

Centro Semiabierto

La posición central de la válvula direccional, mantiene comunicadas las líneas de trabajo con la línea de tanque, por lo que se encuentran a baja presión, el vástago puede ser movilizado manualmente. La conexión de presión se encuentra bloqueado por lo

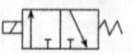

que el aceite no tiene más alternativa que seguir hacia el depósito a través de la válvula de seguridad, elevándose por lo tanto la presión y se dice entonces que la bomba descarga a alta presión.

Centro Abierto

En este caso todas las vías están comunicadas, lo que significa en otras palabras, comunicadas con la línea de tanque, es decir, a baja presión. Dada esta situación, la bomba descarga también a baja presión. La reacción del sistema es más lenta que en todos los casos anteriores.

Accionamiento de las válvulas

Estos están referidos a la forma o el medio que se utiliza para desplazar el conmutador dentro de la válvula o el elemento de cierre. Pueden ser mecánicos (como muelles, rodillos, rodillos abatibles), manuales (pulsadores, palancas, pedales) y además accionados neumática e hidráulicamente.

En los accionamientos del tipo mecánico y manual, es necesario aplicar una fuerza directamente sobre el conmutador ya sea con palancas resortes o pedales,

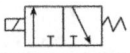

entre otros, en cambio en los accionamientos neumáticos y/o hidráulicos es la presión de un fluido que actúa sobre el conmutador la que genera la fuerza necesaria para provocar el desplazamiento, por otro lado puede generar también fuerza, la depresión del fluido para desplazar el conmutador.

Válvulas reguladoras de caudal

Las aplicaciones de los reguladores de caudal (también reguladores de flujo) no están limitadas a la reducción de la velocidad de los cilindros o actuadores en general, pues además tienen gran aplicación en accionamientos retardados, temporizaciones, impulsos, etc.

Los reguladores de caudal pueden se unidireccionales y bidireccionales.

En los reguladores bidireccionales el flujo es regulado en cualquiera de las dos direcciones. Tienen su principal aplicación cuando se precisa idéntica velocidad en uno y otro sentido del fluido.

Hay otros casos en los que se precisa que la vena fluida sea susceptible de regularse en una dirección,

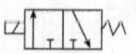

pero que quede libre de regulación en la dirección contraria.

En estos casos se recurre al empleo de reguladores de caudal unidireccionales.

Las válvulas reguladoras bidireccionales, representan en palabras simples, una estrangulación en el conducto por el cual fluye el fluido, con lo cual se le restringe el paso, sin embargo la válvula de regulación unidireccional, está constituida a su vez, por otras dos válvulas; una de retención y otra que permite regular el caudal.

Válvula de retención (check, clapet, de bloqueo o antirretorno)

Es una válvula que permite la circulación del fluido en un solo sentido, en la dirección contraria se cierra impidiendo el paso.

La obturación del paso puede lograrse con una bola, disco, cono, etc., impulsada por la propia presión de trabajo o bien con la ayuda complementaria de un muelle.

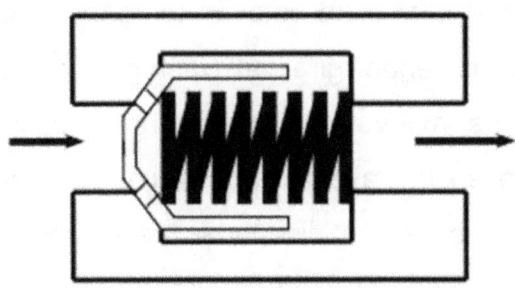

Válvula antirretorno

Algunas válvulas reguladoras de caudal, se pueden diferenciar dependiendo de la forma que tenga el elemento de cierre o de regulación del fluido. Así se tiene, entre otras:

Válvula de compuerta

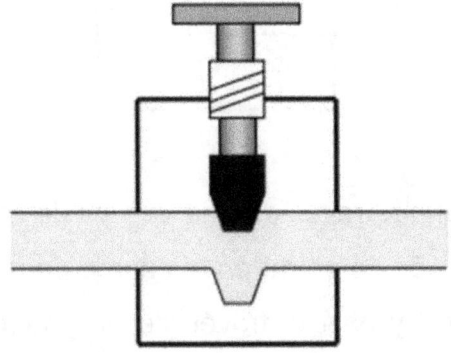

La trayectoria que sigue el flujo cuando atraviesa por una válvula de compuerta siempre es recta y pasa

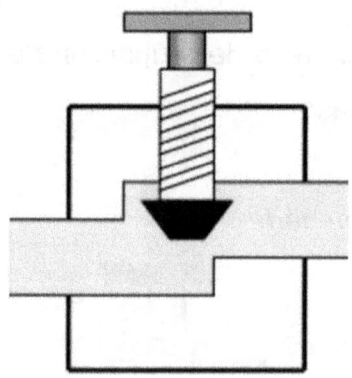

justo por el centro de ésta. El tamaño del orificio se modifica haciendo girar el vástago de la válvula, acción que mueve una compuerta o cuña que se interpone en la trayectoria del flujo. Las válvulas de compuerta no están diseñadas para regular caudal, pero se les usa con este fin cuando sólo se requiere una regulación gruesa del caudal.

Válvula de esfera

La trayectoria a través de una válvula de esfera no es recta; después de entrar en el cuerpo de la válvula, el flujo gira 90° y pasa a través de una abertura, en la que se asienta un tapón o una esfera. La distancia entre tapón (o esfera) y asiento se puede variar a voluntad, lo que permite regular el tamaño del orificio.

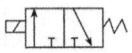

Válvula de aguja

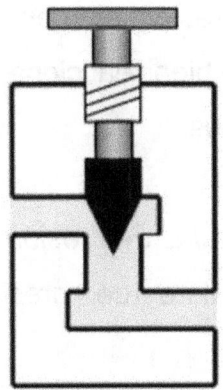

Después de entrar en el cuerpo de una válvula de aguja, el flujo gira 90° y pasa a través de una abertura que es el asiento de la punta cónica de una barra cilíndrica. En este caso el tamaño del orificio se regula variando la posición relativa de la punta cónica respecto a su asiento. El tamaño del agujero se puede variar de manera muy gradual gracias a un tornillo de paso muy pequeño que tiene el vástago de la válvula, y a la forma de cono que tiene la punta de la barra cilíndrica.

La válvula de aguja es el orificio variable que se usa con mayor frecuencia en los sistemas industriales.

Válvulas de presión

Las válvulas de presión ejercen influencia sobre la presión del fluido o bien reacciona frente a valores de presión determinados.

Las principales válvulas de presión son:

1. Válvula reguladora de presión (reductora de presión).
2. Válvula de secuencia (control de presión).
3. Válvula de sobrepresión (de seguridad).

Válvula reguladora de presión

Una válvula reguladora de presión tiene por misión mantener en línea sistema un valor de presión constante aún si la red de alimentación tiene presiones de valor oscilante y consumos variables.

Campo de aplicación

- Alimentación centralizada de instalaciones de aire comprimido.
- Unidad de mantenimiento de un sistema.
- Regulación de fuerzas en cilindros.
- Regulación de los torques en motores.

– En todos los lugares donde se requiera una presión constante para realizar un trabajo seguro y confiable.

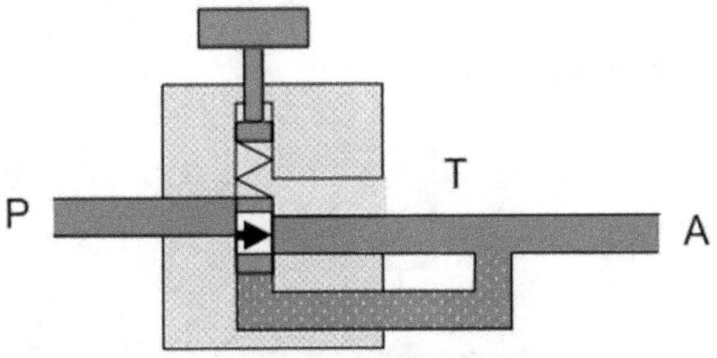

Un regulador de presión funciona en un solo sentido, debe prestarse atención a una conexión correcta.

Válvula de secuencia

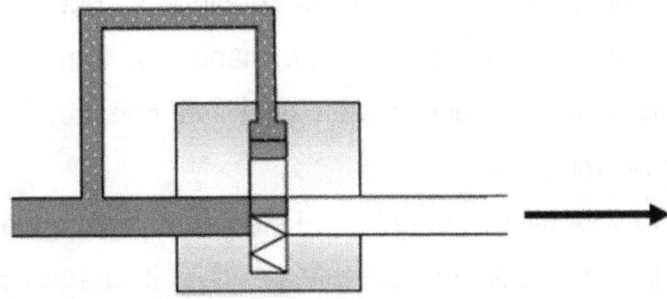

Una válvula de secuencia tiene por función, luego de alcanzar cierta presión entregar una señal de salida. Esta señal de salida puede estar dentro del campo de

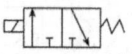

las presiones bajas o normales, y también puede ser eléctrica. La presión de respuesta de una válvula de secuencia, generalmente es regulable.

Válvula de seguridad

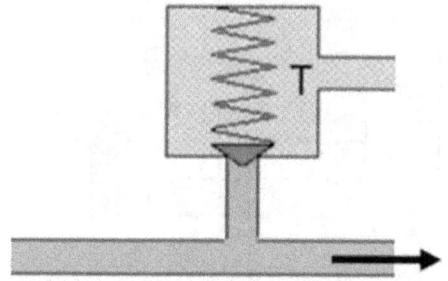

Existe una verdadera confusión con la válvula de seguridad, de descarga, de alivio, limitadora, sobrepresión, etc. Esto es debido a que cada fabricante las nombra de una manera y, aunque en realidad las válvulas tienen diferente nombre, éstas son las mismas.

La válvula de seguridad es el elemento indispensable en las instalaciones hidráulicas y es el aparato que más cerca debe ponerse de la bomba, su misión es limitar la presión máxima del circuito para proteger a los elementos de la instalación.

Esta válvula, también conocida como VLP, actúa cuando se alcanza el valor de la presión regulada en el resorte.

Temporizador

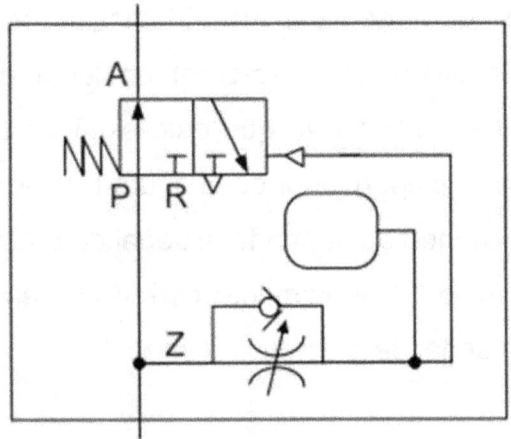

El temporizador neumático, es una unidad formada por tres elementos básicos:

- Una válvula direccional
- Una válvula reguladora de caudal unidireccional
- Un acumulador

La regulación del tiempo se logra estrangulando el paso del fluido que llaga por la línea Z al acumulador. Cuando la cantidad de aire que ha ingresado al

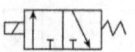
acumulador genera una presión suficiente para vencer el resorte se acciona la válvula direccional para bloquear la señal de presión y establecer comunicación entre A y R. Cuando la línea Z se pone en descarga, el fluido sale del acumulador a través del conducto que en primera instancia cerraba la membrana flexible (antirretorno) en lugar de seguir por la estrangulación ya que esto significa un mayor esfuerzo. El temporizador de la figura es normalmente abierto y cuando actúa, corta la señal de presión.

El temporizador normalmente cerrado, cuando actúa comunica señal de presión a la línea A.

Flujómetros o caudalímetros

Los medidores de caudal en línea han sido diseñados para realizar comprobaciones del caudal circulante en los circuitos hidráulicos. Pueden ser instalados en forma fija o ser utilizados como aparato de control portátil, dentro del servicio de mantenimiento, para realizar comprobaciones y detectar las posibles fallas existentes en el circuito. No deben instalarse en líneas donde el caudal de aceite puede ser reversible. Proporciona una lectura directa del caudal, sin

necesidad de conexiones eléctricas o dispositivos especiales. Se puede montar en cualquier posición, aunque es preferible montarlos horizontalmente.

El caudalímetro tipo rotámetro lleva un peso (indicador) que al ser arrastrado por el fluido, marca en una escala en lt/min o gal/min. No deben colocarse en lugares donde el aceite circule en ambos sentidos. Para facilitar su montaje, llevan una flecha indicando el sentido en que circula el fluido. Un tipo de caudalímetro más preciso es el de tipo de turbina; en éstos, el paso del aceite hace girar una turbina que manda una señal eléctrica a un sensor y un convertidor transforma la señal en lt/min o gal/min, ejemplo de este tipo de medidor es el de la red pública de agua potable.

Caudalímetro digital

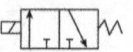

Manómetros

Un manómetro es un dispositivo que mide la intensidad de una fuerza aplicada (presión) a un líquido o gas.

Estos pueden ser de dos clases:

1. Los que equilibran la presión desconocida con otra que se conoce. A este tipo pertenece el manómetro de vidrio en U, en el que la presión se determina midiendo la diferencia en el nivel del líquido de las dos ramas.

2. Los que la presión desconocida actúa sobre un material elástico que produce el movimiento utilizado para poder medir la presión. A este tipo de manómetro pertenece el manómetro de tubo de Bourdon, el de pistón, el de diafragma, etc.

Manómetro de Bourdon

Este manómetro consiste de una carátula calibrada en unidades PSI o través de una articulación a un tubo curvado de metal flexible llamado tubo de bourdon. El tubo de bourdon se encuentra conectado a la presión del sistema. Conforme se eleva la presión en un sistema, el tubo de bourdon tiende a enderezarse debido a la diferencia en áreas entre sus diámetros interior y exterior. Esta acción ocasiona que la aguja se mueva e indique la presión apropiada en la carátula. El manómetro de tubo de bourdon, es por lo general, un instrumento de precisión cuya exactitud varía entre 0,1% y 3% de su escala completa. Son empleados frecuentemente para fines de experimentación y en sistemas donde es importante determinar la presión.

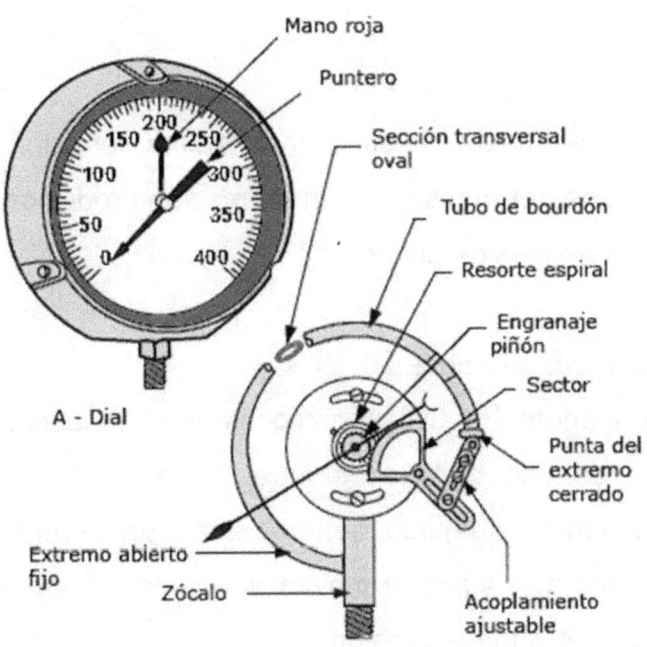

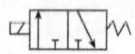

Manómetro de Pistón

Este manómetro consiste de un pistón conectado a la presión del sistema, un resorte desbalanceador, una aguja y una carátula calibrada en unidades apropiadas, PSI o Kpa.

Conforme la presión se eleva en un sistema, el pistón se mueve por esta presión, la que actúa en contra de la fuerza del resorte desbalanceador.

Este movimiento ocasiona que la aguja indique en la escala la presión apropiada.

Manómetro de diafragma

Este manómetro posee una lámina ondulada o diafragma que transmite la deformación producida por las variaciones de presión.

Manómetro de Fuelle

Este manómetro utiliza como elemento elástico un fuelle de tipo metálico el cual al recibir la fuerza proveniente del líquido, tiende a estirarse, con lo cual transmite a la aguja el movimiento para indicar en la carátula el valor de presión.

Vacuómetro

Los manómetros, como hemos visto, marcan presiones superiores a la atmosférica, que son las empleadas en hidráulica, pero también es necesario medir presiones inferiores a la atmosférica por ejemplo, a la entrada de la bomba donde la presión es inferior a la atmosférica y la depresión debe ser mínima. Los aparatos que miden este vacío se llaman vacuómetros. Están calibrados en milímetro de mercurio. 30 pulgadas de mercurio (Hg) = 760 mm de Hg., 30 pulgadas de mercurio es el vacío perfecto.

Filtros

Para prolongar la vida útil de los aparatos hidráulicos es de vital importancia emplear aceites limpios, de buena calidad y no contaminado. La limpieza de los aceites se puede lograr reteniendo las partículas

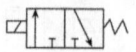

nocivas o dañinas y efectuando los cambios de aceite en las fechas y periodos que establecen los fabricantes o que determinan las especificaciones técnicas del aceite y/o elementos del circuito. Los elementos que constituyen contaminantes para el aceite pueden ser entre otros:

- Agua
- Ácidos
- Hilos y fibras
- Polvo, partículas de junta y pintura y el elemento que debe retener estos contaminantes es el filtro.

Para evitar que los aceites entren en contacto con elementos contaminantes; puede procurarse lo siguiente:

1. En reparaciones, limpiar profusamente.

2. limpiar el aceite antes de hacerlo ingresar al sistema.

3. cambiar el aceite contaminado periódicamente.

4. contar con un programa de mantención del sistema hidráulico.

5. cambiar o limpiar los filtros cuando sea necesario.

Elementos filtrantes

La función de un filtro mecánico es remover la suciedad de un fluido hidráulico.

Esto se hace al forzar la corriente fluida a pasar a través de un elemento filtrante poroso que captura la suciedad. Los elementos filtrantes se dividen en dos tipos: de profundidad y de superficie.

Elementos tipo profundidad

Los elementos tipo profundidad obligan al fluido a pasar a través de muchas capas de un material de espesor considerable.

La suciedad es atrapada a causa de la trayectoria sinuosa que adopta el fluido. El papel tratado y los materiales sintéticos son medios porosos comúnmente usados en elementos de profundidad.

1. Papel micrónico. Son de hoja de celulosa tratada y grado de filtración de 5 a 160μ.

Los que son de hoja plisada aumenta la superficie filtrante.

2. Filtros de malla de alambre. El elemento filtrante es de malla de un tamiz más o menos grande, normalmente de bronce fosforoso.

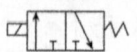
3. Filtros de absorción. Así como el agua es retenida por una esponja, el aceite atraviesa el filtro. Son de algodón, papel y lana de vidrio.

4. Filtros magnéticos. Son filtros caros y no muy empleados; deben ser estos dimensionados convenientemente para que el aceite circule por ellos lo más lentamente posible y cuanto más cerca de los elementos magnéticos mejor, para que atraigan las partículas ferrosas.

Elementos de tipo superficie

En un elemento filtrante tipo superficie la corriente de fluido tiene una trayectoria de flujo recta, a través de una capa de material.

La suciedad es atrapada en la superficie del elemento que está orientada hacia el flujo del fluido.

La tela de alambre y el metal perforado son tipos comunes de materiales usados en los elementos de superficie.

Actuadores

Los actuadores son aquellos que tienen a cargo la conversión de energía hidráulica y/o neumática

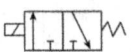

disponible en energía mecánica disponible. Toda actividad visible en una máquina es realizada por estos elementos, los que deben figurar entre las primeras cosas que deben ser consideradas en el diseño de una máquina.

Los actuadores en general pueden ser clasificados en dos tipos; actuadores lineales y rotatorios.

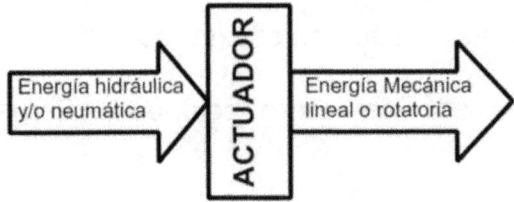

Cilindros

Estos son actuadores del tipo lineal, y constan de: un cabezal posterior y otro anterior que presenta un agujero para permitir que el vástago se deslice a través del cabezal anterior.

La parte móvil del cilindro está conformado por el émbolo o pistón y el vástago, que es la parte visible del elemento móvil.

La cámara posterior no presenta problemas, pero en la anterior existe el agujero de salida del vástago, por lo que es necesario equipar esta zona con los respectivos y adecuados sellos o juntas.

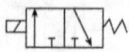

Partes de un cilindro

1. Camisa o tubo; es de acero estirado sin soldaduras o costuras y además rectificada.

2. Vástagos; pueden ser normales o reforzados, son de acero cromado y rectificado de gran precisión, normalmente roscado en el extremo.

3. Tapas; son de acero soldadas, atornilladas o roscadas.

4. Pistón o émbolo; son de aleación de aluminio, acero o fundición al cromo níquel.

5. Entradas del fluido.

6. Amortiguación fin de carrera; para frenar el pistón y que no golpee en las tapas.

7. Empaquetaduras y retenes; para estanqueidad de los vástagos.

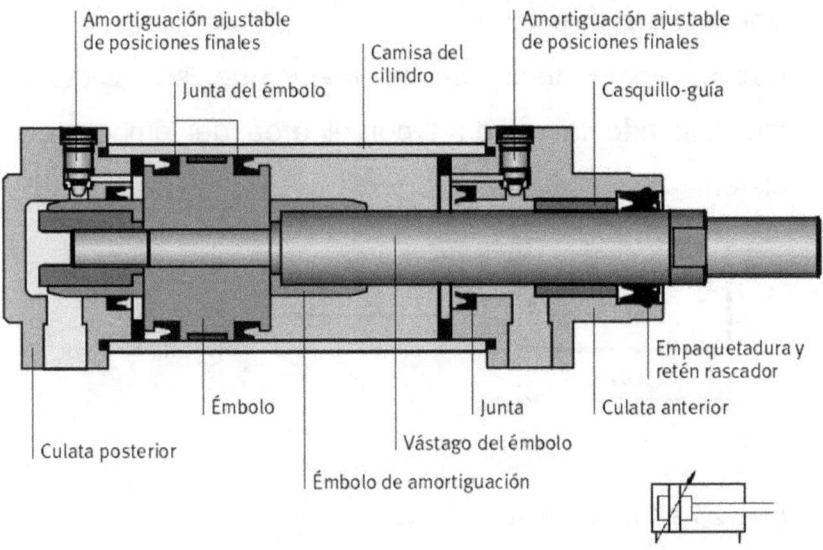

Carrera del Cilindro

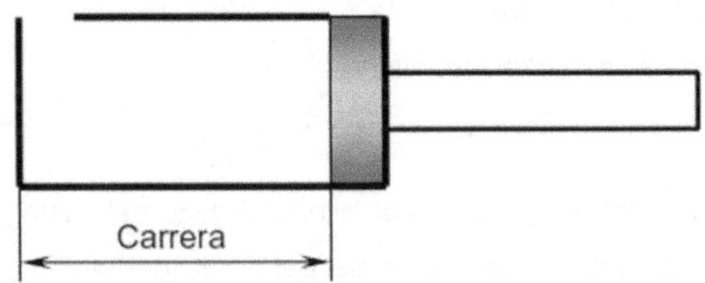

La distancia a través de la cual se aplica energía disponible determina la magnitud del trabajo.

Esta distancia es la carrera de trabajo del cilindro.

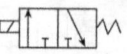

Volumen del cilindro

Cada cilindro tiene un volumen que se calcula multiplicando la carrera por el área del émbolo o pistón.

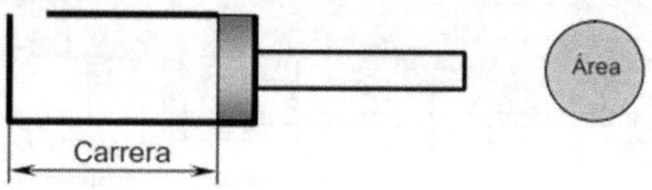

Fuerza en un cilindro

La fuerza ejercida por un pistón depende de la presión de trabajo, el área de aplicación de la presión y del roce de las juntas o sellos.

La fuerza teórica se obtiene:

$$F = P * A$$

En la carrera positiva del cilindro (salida del vástago) se considera como área de trabajo la del pistón, es decir:

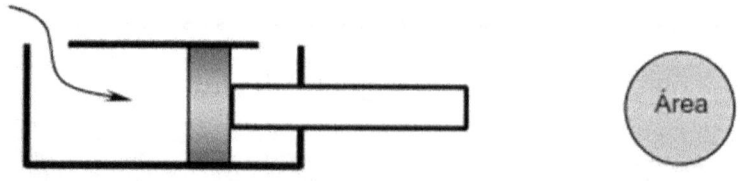

Pero en la carrera negativa, es necesario no considerar el área del vástago, pues sobre esta porción no actúa la presión, esto es:

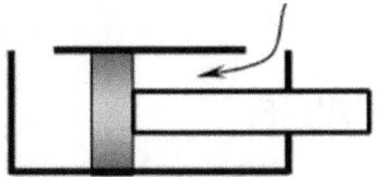

En la práctica, además, se debe tener en cuenta el roce a que está sometido el elemento, para esto consideraremos como fuerza de roce un 10% de la fuerza teórica.

En el caso que el cilindro tenga retorno por resorte, también se debe considerar esta fuerza a ser vencida.

Por lo tanto podemos reescribir la ecuación, para el caso de cilindros de simple efecto con retorno por resorte como:

$$F_n = P * A - (F_r + F_m)$$

Donde:
F_n = Fuerza real
F_r = Fuerza de roce (10% de F_t, fuerza teórica)
F_m = Fuerza del muelle (6% de F_t)

Para un cilindro de doble efecto

Avance:

$$F_n = P * A - F_r$$

Retroceso:

$$F_n = P * A' - F_r$$

Dónde:

$$A' = \pi * (R^2 - r^2)$$

Problema

Se tiene que un cilindro de doble efecto de diámetro interior 50 mm y diámetro del vástago de 25 mm, está sometido a la misma presión de 25 kgf/cm² tanto en la salida como en el retroceso. Se desea saber cuáles son las fuerzas disponibles por el cilindro en ambos sentidos.

$$F_t = P \times A$$
$$F_t = 25 kg_f / cm^2 \times \left(\pi \times 2{,}5^2 \, cm^2 \right)$$
$$F_t = 25 \times 19{,}6 kg_f$$
$$F_t = 490 kg_f$$

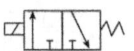

En avance se tiene

$$Fn = 490 - 490 \times 0,1 => Fn = 441 \text{ kgf}$$

Para el retroceso se tiene:

$$A' = \pi * (2,5^2-1,25^2) = 14,7 \text{ cm}^2$$

$$F_t = 25 \text{ kgf/cm}^2 \times 14,7 \text{ cm}^2$$

$$F_t = 367,5 \text{ kgf}$$

$$Fn = 367,5 - 367,5 \times 0,1 => Fn = 330,8 \text{kgf}$$

Velocidad de un cilindro

Es el movimiento que se da al vástago en avance o retroceso en una unidad de tiempo.

$$V = \frac{10 * Q}{A}$$

Donde:
V = Velocidad (m/min)
Q = Caudal (lt/min)
A = Área del cilindro (cm^2)

Clasificación de los Cilindros

Los cilindros pueden clasificarse en dos tipos:

1. Simple efecto.

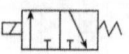

2. Doble efecto.

Cilindro de Simple efecto

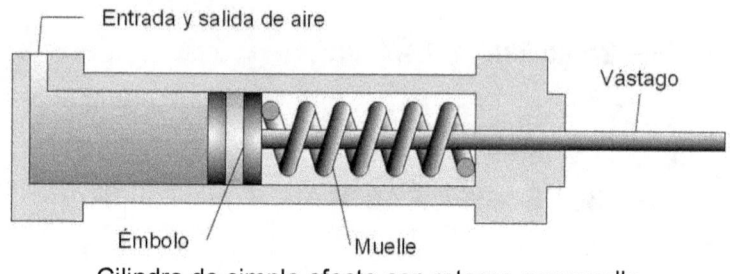

Cilindro de simple efecto con retorno por muelle

Este tipo de cilindros, recibe suministro de energía sólo por un sector del émbolo, pudiendo por tanto transmitir fuerzas en ese mismo sentido. El cilindro por tanto desarrolla una carrera de trabajo y otra de retroceso. Esta carrera puede desarrollarse gracias a la acción de un resorte o bien por medio de una carga compensadora, en este caso la masa asegura el retorno del vástago. Por la otra cara el pistón está seco. En ese extremo del cilindro tiene que haber un orificio de respiración para que pueda salir el aire que empuja el pistón, o para que pueda entrar cuando el vástago se retrae. El cilindro trabaja mejor así, no

generándose vacío. Con objeto de que no entre suciedad, el orificio de respiración suele tener un filtro.

Tipos de cilindros de simple efecto

Cilindro Buzo

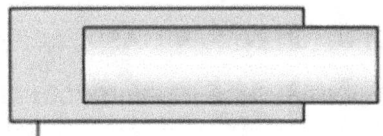

Se caracteriza por poseer un vástago de sección muy grande y casi cercano al diámetro del propio cilindro, teniendo un pequeño resalte para evitar que se salga del cilindro.

Tiene como ventajas:

No necesitan orificio de respiración

- La zona interna del cilindro no tiene que estar necesariamente pulida.
- El vástago es de alta resistencia al pandeo.
- Las juntas son exteriores y fáciles de cambiar.

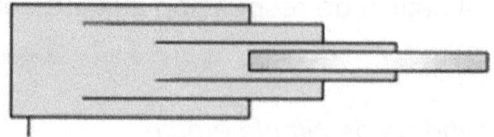

Cilindro Telescópico

El objeto de este tipo de cilindros es obtener una gran carrera, utilizando un pequeño espacio.

Con cada émbolo que sale aumenta la presión, ya que disminuye progresivamente el área, producto de lo mismo, si el caudal permanece constante la velocidad se verá también incrementada.

En general, los cilindros telescópicos se utilizan para levantar cargas a modo de gato hidráulico.

No deben ir montados en horizontal o muy inclinados si no van guiados.

El vástago tiene dos o más tubos concéntricos.

En su forma de salir se admiten varias variantes: subir todos, subir primero el exterior o subir primero el más interior (bloqueo hidráulico) la velocidad de cada pistón depende de su diámetro.

Los pistones de los cilindros tienen válvulas que se van abriendo una a continuación de otra.

Cilindros de doble efecto

Estos reciben energía por ambos sectores del pistón, lo cual le permite desarrollar trabajo en ambas carreras del cilindro. En este caso la magnitud de las fuerzas o capacidad de carga dependerá de las áreas sobre las que actúa la presión. Hay dos tipos de estos cilindros: el diferencial (corriente) en la extensión el movimiento es más lento, pero actúa con más fuerza. El otro tipo es el equilibrado o de doble vástago, muy apropiado para direcciones, rectificadoras, etc.

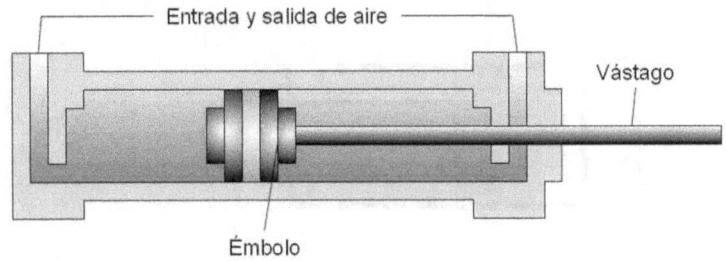

Tipos de cilindros de doble efecto
Cilindro de vástago simple

En el cilindro de vástago simple, el aceite actúa sobre la superficie total del émbolo o pistón, en cambio en la carrera de entrada del vástago, el aceite trabaja sobre una superficie anular por la presencia del vástago.

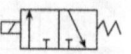
 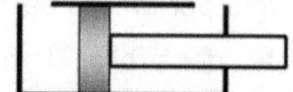

Cilindro diferencial

Se distingue este tipo de cilindro como caso especial, y en función de sus dimensiones, éste se caracteriza por que el área del émbolo es igual a dos veces el área del vástago.

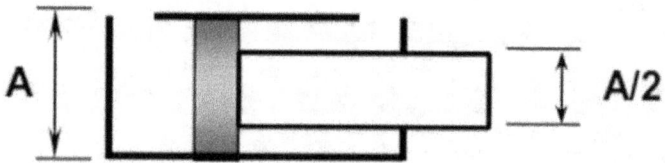

Cilindro de doble vástago

La presión en este tipo de cilindro, actúa de igual manera en ambos sectores del pistón, lo que permite desarrollar trabajo en ambas carreras.

La particularidad de este tipo de cilindros, se debe a que las áreas de trabajo son exactamente iguales, lo

cual determina que la velocidad en ambos sentidos sea la misma y la fuerza aplicada por el vástago lo sea también.

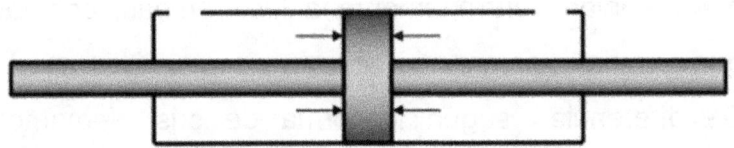

Cilindro oscilante

El movimiento horizontal del pistón se transforma en movimiento giratorio. El pistón lleva cremallera, transmitiendo el movimiento a un piñón, el cual puede ampliar el recorrido.

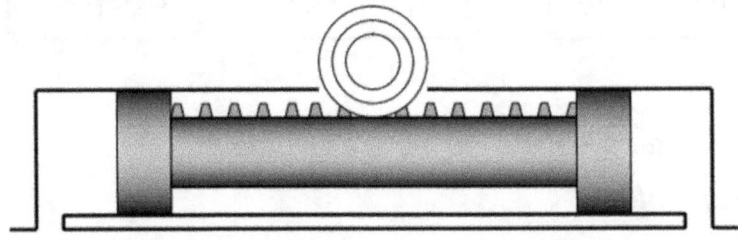

Motores Hidráulicos

El motor hidráulico entrega un par motor por el eje de salida. Por esta razón convierte la energía hidráulica en energía mecánica.

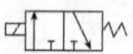

El motor es accionado por el líquido que le manda la bomba, y a su vez, actúa mecánicamente sobre la carga mediante un movimiento giratorio.

Los motores hidráulicos son en realidad elementos que trabajan contrariamente a las bombas, con las que guardan una gran semejanza constructiva.

Se diferencian según la forma de sus elementos activos en: motores de engranajes, de pistones y de paletas.

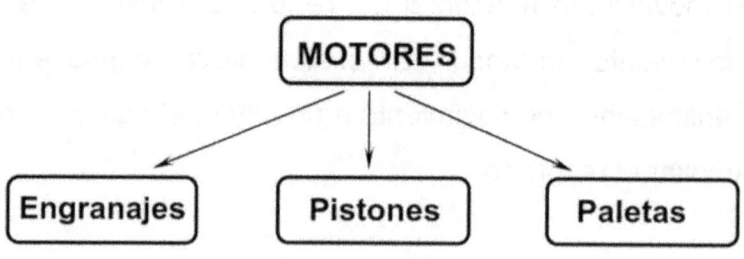

Características de los motores hidráulicos

Par motor

El par es un esfuerzo rotatorio de giro.

El par indica que una fuerza está presente a cierta distancia de la flecha o eje del motor.

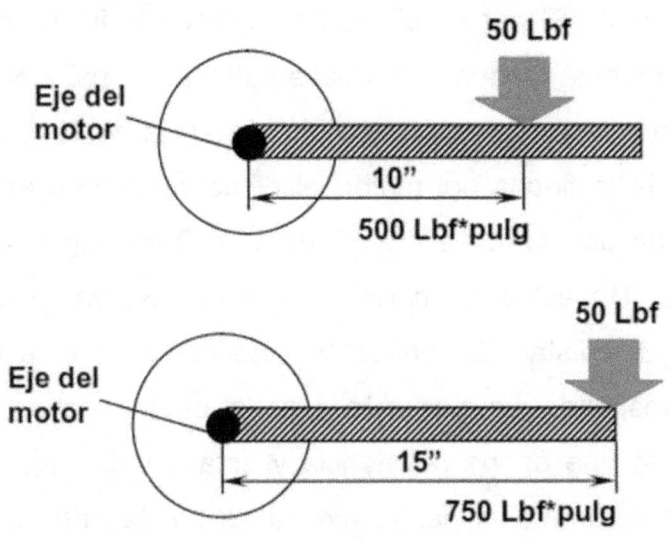

El par nos indica en donde está una fuerza en relación con la flecha del motor, la expresión que describe el par es:

$$Par = F * r$$

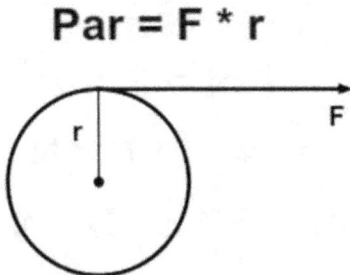

En la figura, una fuerza de 50 lbf (222N) actúa sobre una barra que está unida a la flecha de un motor. La distancia entre la flecha y la fuerza es de 10"

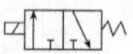
(0,254m). El par o esfuerzo de giro en la flecha que esta fuerza produce es igual a 500 lbf.pulg (56,3 Nm). Si la misma fuerza actúa a una distancia de 15" (0,38 m) de la flecha del motor, el esfuerzo de giro en la flecha que se obtiene es igual a 750 lbf.pulg (84,36 Nm). De estos ejemplos, podemos observar que a mayor distancia entre la fuerza y la flecha, corresponde un par más grande en la flecha. Un objeto que opone resistencia y está unido al eje del motor genera un par, como ya se ha descrito. Esto constituye una resistencia para el motor, que debe ser vencida por la presión hidráulica que actúa sobre el grupo rotatorio del motor.

Potencia

$$Pot = F * v$$

$$v = \pi * D * N$$

$$Pot = F * \pi * D * N$$

$$Pot = F * D * \pi * N$$

$$Pot = F * (2\ r) * \pi * N$$

$$Pot = F * r * 2 * \pi * N$$

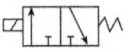
$$\boxed{\text{Pot} = \text{Par} * 2 *\pi * \text{N}}$$

Rpm de trabajo del motor

Afecta a la potencia del motor; con menos revoluciones es antieconómico, debe trabajar a las rpm en que rinda la máxima potencia. El par motor efectivo suele ser de 80 a 95 % del teórico.

Presión de trabajo

La potencia y el par motor dependen de la presión de trabajo. No poner nunca un motor en un circuito cuya presión sea superior a la presión máxima de trabajo del pistón, sin protegerlo con válvula de seguridad.

Desplazamiento o cilindrada

Corresponde a la cantidad de fluido que requiere el motor para dar una revolución y se mide en cm^3/Rev.

Motor de engranajes

Se emplean bastante por ser sencillos y económicos, son de tamaños reducido y fácilmente acoplables.

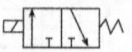
- Giran en los dos sentidos, pero no se puede variar el volumen de la cámara
- El par es proporcional a la presión de alimentación
- Las rpm son proporcional al caudal de alimentación.
- Existen de engranajes externos e internos.

Motor de engranajes externos

El motor de engranajes externos es un duplicado de la bomba de engranajes. Contiene dos engranajes iguales, dentro de la caja. El aceite a presión obliga a girar a los engranajes en sentido opuesto. El engranaje que lleva el eje de salida realiza el trabajo mecánico por medio de él. El aceite va perdiendo presión al transformarse ésta en fuerza mecánica por el giro de los engranajes. Por el lado opuesto de la caja de los engranajes el aceite ha perdido casi toda la presión y es reconducido a la bomba o al depósito.

Motores de pistones

Los motores de pistones se prefieren cuando se requieren altas velocidades o presiones. Son menos

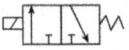

simples que los otros tipos de motores y por eso mismo son también más complicados y costosos en su mantención. Al igual que las bombas de este tipo, los hay de pistones axiales y de pistones radiales. Para los equipos móviles se suelen preferir los motores hidráulicos de pistones axiales. El motor de pistones radiales se emplea, en cambio, en instalaciones fijas donde no hay restricciones de espacio y se requieren mayores potencias.

Motor de pistones axiales

La tapa del motor lleva las bocas A y B, por la que entra el aceite a presión para el funcionamiento del motor. Por esas mismas bocas retorna el aceite sin presión hacia la bomba. Los pistones van alojados en unos agujeros practicados en el cilindro que gira, aplicándose contra un plato inclinado fijo. El aceite a una presión muy elevada entra en las perforaciones por la boca A, empujando el correspondiente pistón contra el plato inclinado fijo. Al no moverse el plato inclinado, el pistón resbala por el plano y obliga a girar al bloque de cilindros, que lo hace solidario con el eje del motor. A medida que va girando el bloque de

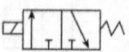

cilindros se van alineando con la boca A las perforaciones sucesivas, con lo que continúa el movimiento rotatorio. En la segunda mitad de la rotación del bloque de cilindros, sus agujeros se van alineando con la boca B, por la que sale el aceite sin presión, obligado por el pistón que vuelve a entrar en su perforación al continuar resbalando sobre el lado opuesto del plato inclinado. Para invertir el sentido de giro del motor, basta invertir el sentido en que circula el aceite, haciéndolo entrar por la boca B para que salga por la A.

Motores de Paletas

Al igual que las bombas de este tipo, los motores de paletas también pueden ser compensados y no compensados. Casi todos los motores de paleta con que se equipan las máquinas, son del tipo compensado, porque para estas aplicaciones no es necesario que tengan una cámara de volumen variable. Los motores compensados duran más porque desgastan menos los cojinetes. El motor de paletas se diferencia de la bomba homónima en que lleva un dispositivo para mantener las paletas contra el estator. Este dispositivo puede consistir en un muelle que va instalado dentro de la ranura del rotor en que va alojada la paleta. En la bomba de paletas no es necesario empujar éstas para que salgan, porque lo hacen por la fuerza centrífuga del rotor al girar, en cambio, en el motor de paletas el aceite pasaría al otro lado antes de haber empezado a girar el rotor, si no estuvieran aplicadas las paletas contra la cara interna del estator, por la fuerza de un muelle o resorte. Para cambiar el sentido de giro de este tipo de motores, basta con cambiar las conexiones hidráulicas.

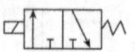

Simbología normalizada

Los sistemas de potencia hidráulicos y neumáticos transmiten y controlan la potencia mediante el empleo de un fluido presurizado (líquido o gas) dentro de un circuito cerrado. Generalmente, los símbolos que se utilizan en los diagramas de circuitos para dichos sistemas son, figuras, de corte y gráficos. Estos símbolos se explican con detalle en el Manual de dibujo Normalizado de los Estados Unidos (USA Standard Drafting Manual). Los símbolos de figuras, resultan muy útiles para mostrar la interconexión de los componentes. Es difícil normalizarlos a partir de una base funcional. Los símbolos de corte, hacen énfasis en la construcción. El dibujo de estos símbolos es complejo y las funciones de los componentes no se aprecian de inmediato. Los símbolos gráficos, hacen énfasis en la función y métodos de operación de los componentes. El dibujo de estos símbolos es sencillo. La función de los componentes y los métodos de operación son obvios. Los símbolos gráficos son capaces de cruzar las barreras lingüísticas y promueven el entendimiento

universal de los sistemas hidráulicos y neumáticos. Los símbolos gráficos completos, proporcionan una representación simbólica tanto de los componentes, como de todas las características involucradas en el diagrama del circuito. Los símbolos gráficos compuestos son un conjunto organizado de símbolos completos o simplificados, que usualmente representan un componente complejo. La Norma ANSI Y32. 10 presenta un sistema de símbolos gráficos para sistemas de potencia hidráulicos y neumáticos.

El propósito de esta norma es:

- Proporcionar un sistema de símbolos gráficos para sistemas hidráulicos y neumáticos con fines industriales y educativos.

- Simplificar el diseño, fabricación, análisis y servicio de los circuitos hidráulicos y neumáticos.

- Contar con símbolos gráficos para sistemas hidráulicos y neumáticos que sean reconocidos internacionalmente.

– Promover el entendimiento universal de los sistemas hidráulicos y neumáticos.

Norma UNE-101 149 86 (ISO 1219 1 y ISO 1219 2)

A nivel internacional la norma ISO 1219 1 y ISO 1219 2, que se ha adoptado en España como la norma UNE-101 149 86, se encarga de representar los símbolos que se deben utilizar en los esquemas neumáticos e hidráulicos.

Estas son:

Norma	Descripción
UNE 101-101-85	Gama de presiones.
UNE 101-149-86	Símbolos gráficos.
UNE 101-360-86	Diámetros de los cilindros y de los vástagos de pistón.
UNE 101-362-86	Cilindros gama básica de presiones normales.
UNE 101-363-86	Serie básica de carreras de pistón.
UNE 101-365-86	Cilindros. Medidas y tipos de roscas de los vástagos de pistón.

Para conocer todos los símbolos con detalle, así como la representación de nuevos símbolos deben consultarse las normas al completo.

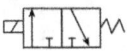

Designación de conexiones, normas básicas de representación

Las válvulas de regulación y control, se nombran y representan con arreglo a su constitución, de manera que se indica en primer lugar el número de vías (orificios de entrada o salida) y a continuación el número de posiciones.

☐	Una posición.
☐☐	Dos posiciones.
☐☐☐	Tres posiciones.

Por ejemplo:	
Válvula 2/2	Válvula de dos vías y dos posiciones.
Válvula 3/2	Válvula de tres vías y dos posiciones.
Válvula 5/3	Válvula de cinco vías y tres posiciones.
Válvula 4/2	Válvula de cuatro vías y dos posiciones.

Su representación sigue las siguientes reglas:

1.- Cada posición se indica por un cuadrado.

2.- Se indica en cada casilla (cuadrado), las canalizaciones, el sentido del flujo y la situación de las conexiones (vías).

3.- Las vías de las válvulas se dibujan en la posición de reposo.

4.- El desplazamiento a la posición de trabajo se realiza transversalmente, hasta que las canalizaciones coinciden con las vías en la nueva posición.

5.- También se indica el tipo de mando que modifica la posición de la válvula (señal de pilotaje). Puede ser manual, por muelle, por presión.

La norma establece la identificación de los orificios (vías) de las válvulas, debe seguir la siguiente norma: Puede tener una identificación numérica o alfabética.

Designación de conexiones	Letras	Números
Conexiones de trabajo	A, B, C ...	2, 4, 6 ...
Conexión de presión, alimentación de energía	P	1
Escapes, retornos	R, S, T ...	3, 5, 7 ...
Descarga	L	
Conexiones de mando	X, Y, Z ...	10,12,14 ...

Por ejemplo:

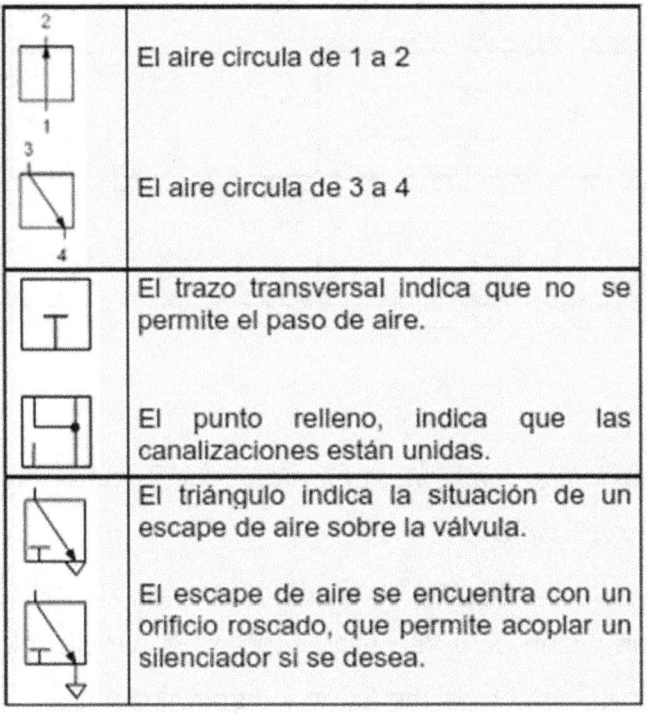

	El aire circula de 1 a 2
	El aire circula de 3 a 4
	El trazo transversal indica que no se permite el paso de aire.
	El punto relleno, indica que las canalizaciones están unidas.
	El triángulo indica la situación de un escape de aire sobre la válvula.
	El escape de aire se encuentra con un orificio roscado, que permite acoplar un silenciador si se desea.

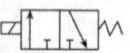
Válvulas completas:

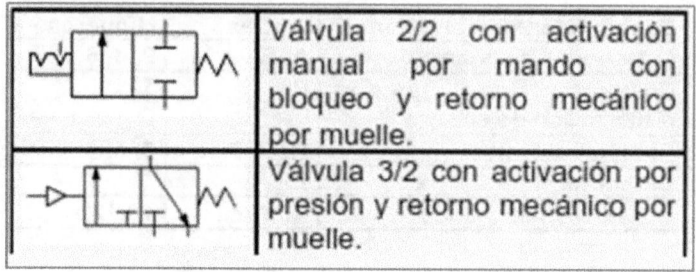

	Válvula 2/2 con activación manual por mando con bloqueo y retorno mecánico por muelle.
	Válvula 3/2 con activación por presión y retorno mecánico por muelle.

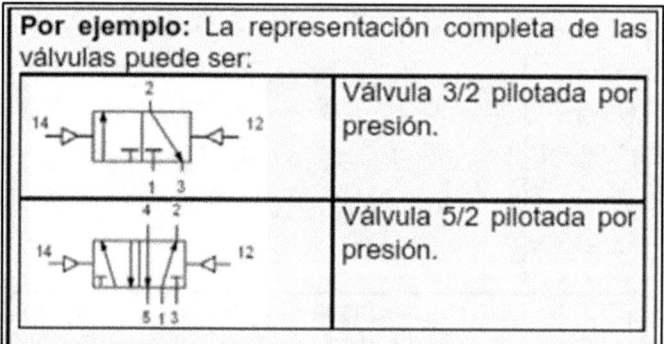

Por ejemplo: La representación completa de las válvulas puede ser:	
	Válvula 3/2 pilotada por presión.
	Válvula 5/2 pilotada por presión.

Conexiones e instrumentos de medición y mantenimiento

Para empezar con los símbolos se muestran a continuación como se representan las canalizaciones y los elementos de medición y mantenimiento.

Conexiones	
Símbolo	**Descripción**
	Unión de tuberías.
	Cruce de tuberías.
	Manguera.
	Acople rotante.
	Línea eléctrica.
	Silenciador.
	Fuente de presión, hidráulica, neumática.
	Conexión de presión cerrada.
	Línea de presión con conexión.
	Acople rápido sin retención, acoplado.
	Acople rápido con retención, acoplado.
	Desacoplado línea abierta.
	Desacoplado línea cerrada.
	Escape sin rosca.
	Escape con rosca.
	Retorno a tanque.

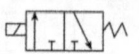

	Unidad operacional.
	Unión mecánica, varilla, leva, etc.
M	**Motor eléctrico.**
M	**Motor de combustión interna.**

Medición y mantenimiento	
Símbolo	**Descripción**
	Unidad de mantenimiento, símbolo general.
	Filtro.
	Drenador de condensado, vaciado manual.

	Drenador de condensado, vaciado automático.
	Filtro con drenador de condensado, vaciado automático.
	Filtro con drenador de condensado, vaciado manual.
	Filtro con indicador de acumulación de impurezas.
	Lubricador.
	Secador.
	Separador de neblina.
	Limitador de temperatura.
	Refrigerador.
	Filtro micrónico.
	Manómetro.

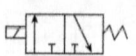

	Manómetro diferencial.
	Unidad de mantenimiento, filtro, regulador, lubricador. Gráfico simplificado.
	Válvula de control de presión, regulador de presión de alivio, regulable.
	Combinación de filtro y regulador.
	Combinación de filtro, regulador y lubricador.
	Combinación de filtro, separador de neblina y regulador.
	Termómetro.
	Caudalímetro.
	Medidor volumétrico.
	Indicador óptico. Indicador neumático.
	Sensor.
	Sensor de temperatura.

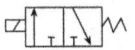
	Sensor de nivel de fluidos.
	Sensor de caudal.

Bombas y compresores

Símbolo	Descripción
	Bomba hidráulica de flujo unidireccional.
	Bomba hidráulica de caudal variable.
	Bomba hidráulica de caudal bidireccional.
	Bomba hidráulica de caudal bidireccional varialbe.
	Mecanismo hidráulico con bomba y motor.
	Compresor para aire comprimido.

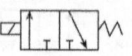

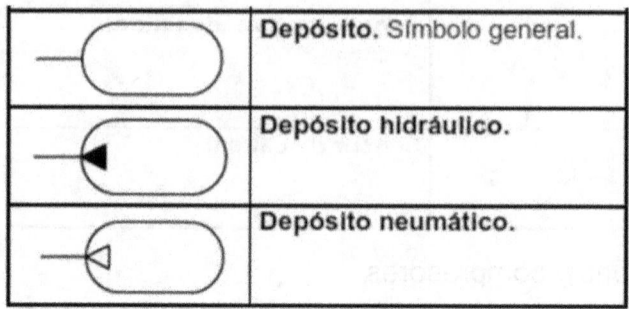

	Depósito. Símbolo general.
	Depósito hidráulico.
	Depósito neumático.

Actuadores

Símbolo	Descripción
	Cilindro de simple efecto, retorno por esfuerzos externos.
	Cilindro de simple efecto, retorno por esfuerzos externos.
	Cilindro de simple efecto, retorno por muelle.
	Cilindro de simple efecto, retorno por muelle.

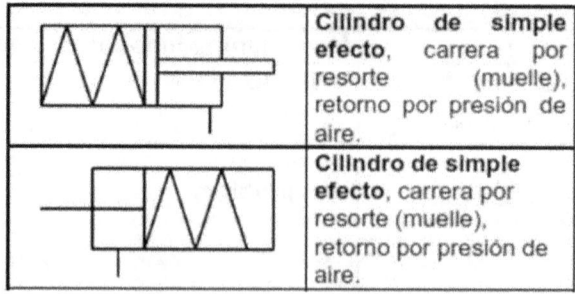

Símbolo	Descripción
	Cilindro de simple efecto, carrera por resorte (muelle), retorno por presión de aire.
	Cilindro de simple efecto, carrera por resorte (muelle), retorno por presión de aire.

	Cilindro de simple efecto, vástago simple antigiro, carrera por resorte (muelle), retorno por presión de aire.
	Cilindro de simple efecto, vástago simple antigiro, carrera por resorte (muelle), retorno por presión de aire.
	Cilindro de doble efecto, vástago simple.
	Cilindro de doble efecto, vástago simple.
	Cilindro de doble efecto, vástago simple antigiro.
	Cilindro de doble efecto, vástago simple antigiro.
	Cilindro de doble efecto, vástago simple montaje muñón trasero.
	Cilindro de doble efecto, doble vástago.
	Cilindro de doble efecto, doble vástago.

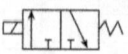

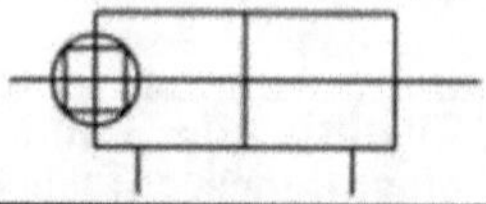	**Cilindro de doble efecto**, doble vástago antigiro.
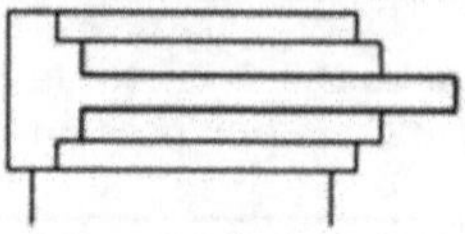	**Cilindro de doble efecto**, vástago telescópico.

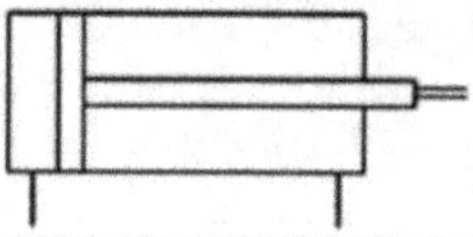	**Cilindro diferencial de doble efecto.**
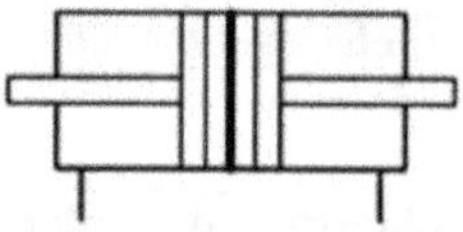	**Cilindro de posición múltiple.**
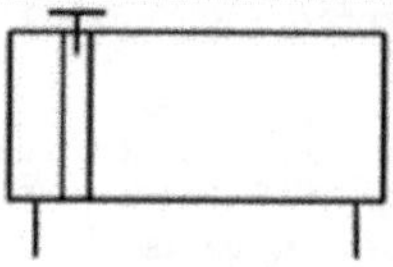	**Cilindro de doble efecto sin vástago.**
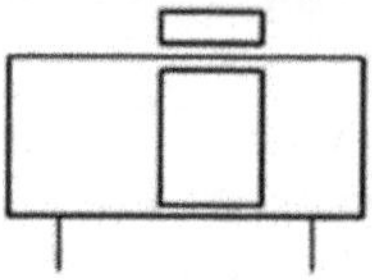	**Cilindro de doble efecto sin vástago**, de arrastre magnético.
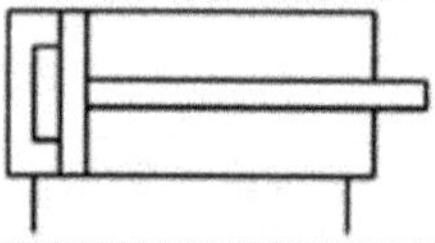	**Cilindro de doble efecto**, con amortiguación final en un lado.
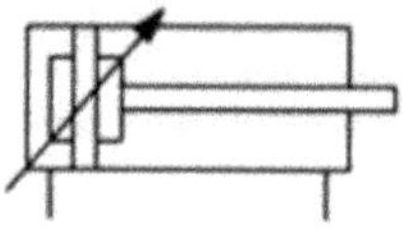	**Cilindro de doble efecto**, con amortiguación ajustable en ambos extremos.
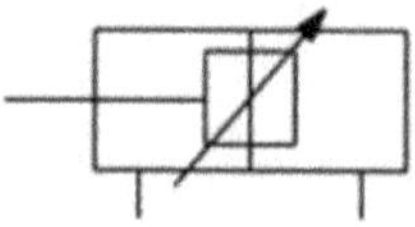	**Cilindro de doble efecto**, con amortiguación ajustable en ambos extremos.

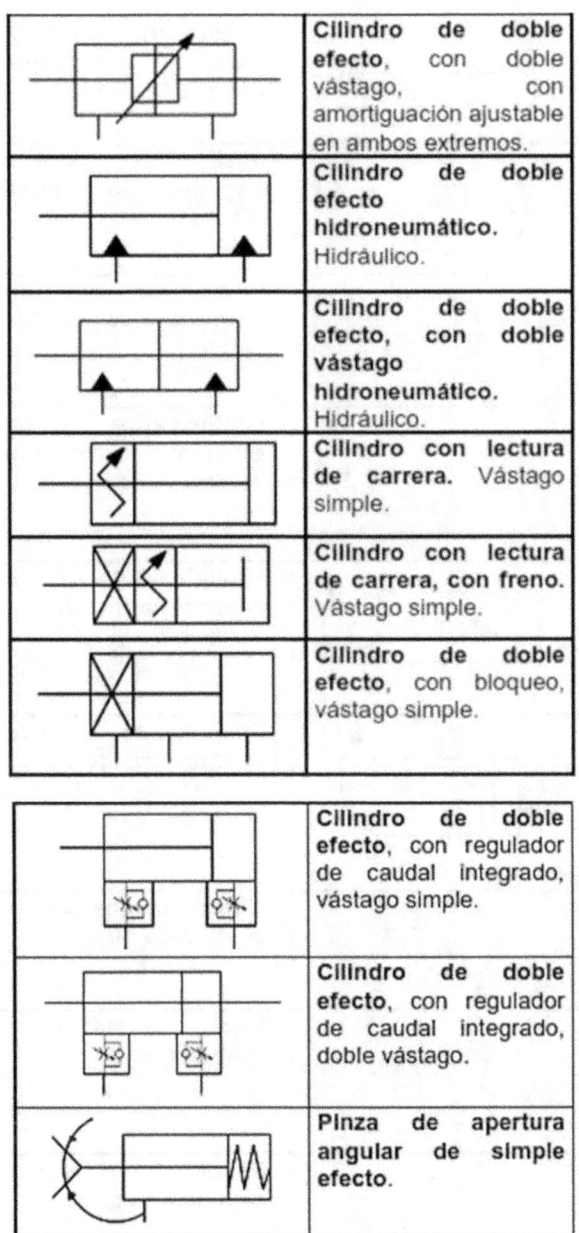

	Cilindro de doble efecto, con doble vástago, con amortiguación ajustable en ambos extremos.
	Cilindro de doble efecto hidroneumático. Hidráulico.
	Cilindro de doble efecto, con doble vástago hidroneumático. Hidráulico.
	Cilindro con lectura de carrera. Vástago simple.
	Cilindro con lectura de carrera, con freno. Vástago simple.
	Cilindro de doble efecto, con bloqueo, vástago simple.
	Cilindro de doble efecto, con regulador de caudal integrado, vástago simple.
	Cilindro de doble efecto, con regulador de caudal integrado, doble vástago.
	Pinza de apertura angular de simple efecto.

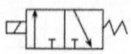
	Pinza de apertura paralela de simple efecto.
	Pinza de apertura angular de doble efecto.
	Pinza de apertura paralela de doble efecto.
	Multiplicador de presión mismo medio.
	Multiplicador de presión para distintos medios.
	Transductor para distintos medios.
	Motor neumático 1 sentido de giro.
	Motor neumático 2 sentidos de giro.
	Cilindro basculante 2 sentidos de giro.

	Motor hidráulico 1 sentido de giro.
	Motor hidráulico 2 sentidos de giro.
	Cilindro hidráulico basculante 1 sentido de giro, retorno por muelle.
	Bomba/motor hidráulico regulable.

Válvulas direccionales

Símbolo	Descripción
2 ... 1	Válvula 2/2 en posición normalmente cerrada.
2 ... 1	Válvula 2/2 en posición normalmente abierta.
2 ... 1	Válvula 2/2 de asiento en posición normalmente cerrada.

2 1	Válvula 2/2 de asiento en posición normalmente cerrada.
2 1 3	Válvula 3/2 en posición normalmente cerrada.
2 1 3	Válvula 3/2 en posición normalmente abierta.
4 2 1 3	Válvula 4/2.
4 2 1 3	Válvula 4/2.
4 2 1 3	Válvula 4/2 en posición normalmente cerrada.
2 1 3	Válvula 3/3 en posición neutra normalmente cerrada.

	Válvula 4/3 en posición neutra normalmente cerrada.
	Válvula 4/3 en posición neutra escape.
	Válvula 4/3 en posición central con circulación.
	Válvula 5/2.
	Válvula 5/3 en posición normalmente cerrada.
	Válvula 5/3 en posición normalmente abierta.
	Válvula 5/3 en posición de escape.

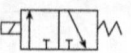

Accionamientos

En una misma válvula pueden aparecer varios de estos símbolos, también se les conoce con el nombre de elementos de pilotaje.

Los esquemas básicos de los símbolos son:

Símbolo	Descripción
	Mando manual en general, pulsador.
	Botón pulsador, seta, control manual.
	Mando por palanca, control manual.
	Mando por pedal, control manual.
	Mando por llave, control manual.
	Mando con bloqueo, control manual.
	Muelle, control mecánico.
	Palpador, control mecánico en general.

	Rodillo palpador, control mecánico.
	Rodillo escamoteable, accionamiento en un sentido, control mecánico.
	Mando electromagnético con una bobina.
	Mando electromagnético con dos bobinas actuando de forma opuesta.
	Control combinado por electroválvula y válvula de pilotaje.
	Mando por presión. Con válvula de pilotaje neumático.

	Presurizado neumático.
	Pilotaje hidráulico. Con válvula de pilotaje.
	Pilotaje hidráulico. Con válvula de pilotaje.
	Presurizado hidráulico.

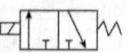

Válvulas de bloqueo, flujo y presión

Símbolo	Descripción
	Válvula de cierre.
	Válvula de bloqueo (antirretorno).
	Válvula de retención pilotada. Pe > Pa -> Cierre.
	Válvula de retención pilotada. Pa > Pe -> Cierre.
	Válvula O (OR). Selector.
	Válvula de escape rápido. Válvula antirretorno.
	Válvula de escape rápido, Válvula antirretorno, doble efecto con silenciador.
	Válvula Y (AND).
	Orificio calibrado. El primer símbolo es fijo, el segundo regulable.
	Estrangulación. El primer símbolo es fijo, el segundo regulable.
	Válvula estranguladora unidireccional a diafragma.
	Válvula estranguladora unidireccional. Válvula antirretorno de regulación regulable en un sentido

	Válvula estranguladora doble, antirretorno con regulador de caudal doble con conexión instantánea.
	Válvula estranguladora de caudal de dos vías.
	Distribución de caudal.
	Eyector de vacío. Válvula de soplado de vacío.
	Eyector de vacío. Válvula de soplado de vacío con silenciador incorporado.
	Válvula limitadora de presión.
	Válvula limitadora de presión pilotada.
	Válvula de secuencia por presión.
	Válvula reguladora de presión de dos vías. (reductora de presión).
	Válvula reguladora de presión de tres vías. (reductora de presión).
	Multiplicador de presión neumático. Accionamiento manual.
	Presostato neumático.

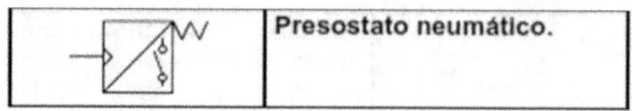

| | Presostato neumático. |

Otros elementos

Existen otros símbolos que no se encuentran representados en la norma pero que también se utilizan con frecuencia. A continuación pueden verse algunos de ellos.

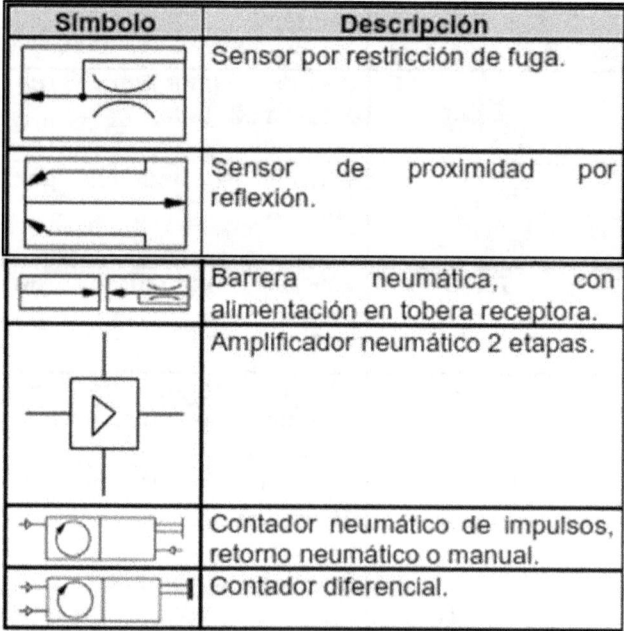

Símbolo	Descripción
	Sensor por restricción de fuga.
	Sensor de proximidad por reflexión.
	Barrera neumática, con alimentación en tobera receptora.
	Amplificador neumático 2 etapas.
	Contador neumático de impulsos, retorno neumático o manual.
	Contador diferencial.

Líneas

Línea sólida - Principal	Línea interrumpida - Piloto
───────────	························
Línea punteada - Escape o línea de drenaje	Línea de centros – Bloques o conjuntos
····················	─ ·· ─ ·· ─ ·· ─ ··
Líneas cruzadas (no es necesario hacer la intersección en un ángulo de 90°)	Unión de líneas
Línea flexible	Flechas (cualquier flecha que cruza un símbolo a 45° indica ajuste o regulación)

Motor eléctrico

Motor

M

Motores hidráulicos

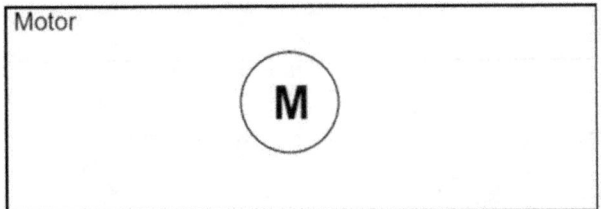

Motor unidireccional de desplazamiento constante	Motor bidireccional de desplazamiento constante
Motor unidireccional de desplazamiento variable	Motor bidireccional de desplazamiento variable

Bombas

Dispositivo rotatorio básico	Dispositivo rotatorio con puertos
Bomba unidireccional de caudal constante	Bomba bidireccional de caudal constante
Bomba unidireccional de caudal variable	Bomba bidireccional de caudal variable

Compresores

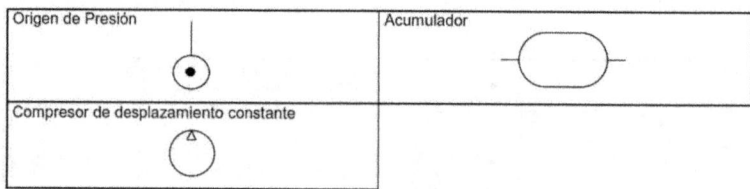

Origen de Presión	Acumulador
Compresor de desplazamiento constante	

Filtros

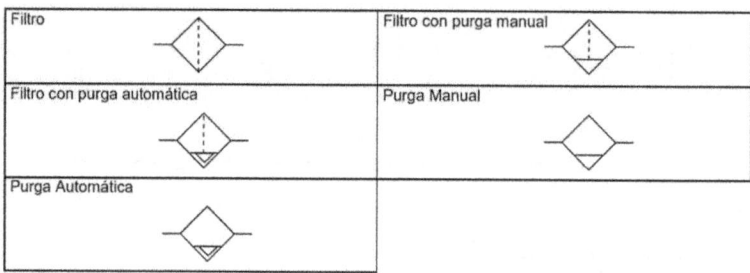

Filtro	Filtro con purga manual
Filtro con purga automática	Purga Manual
Purga Automática	

Lubricador

Sin drenaje	Con drenaje manual

Filtro regulador lubricador (FLR)

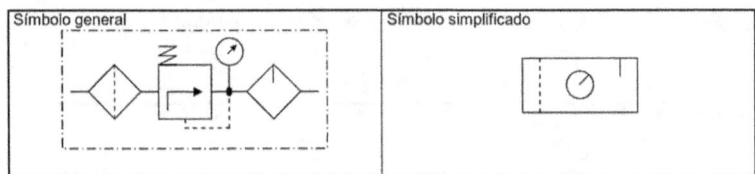

| Símbolo general | Símbolo simplificado |

Acumuladores

| Acumulador | Acumulador cargado por resorte |

| Acumulador cargado con gas | Acumulador cargado por peso |

Estanques

| Tanque ventilado | Tanque presurizado |

Válvulas (letras identificatorias)

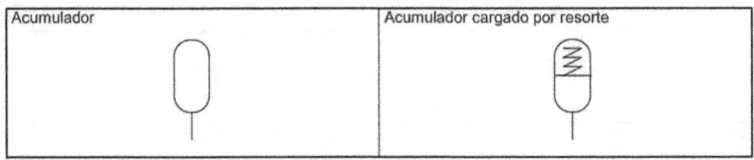

Vías de trabajo	Vía de presión
A, B, C,...	P
Vía de retorno	Vías de pilotaje
T, R	X, Y, Z

Activadores de válvulas eléctricos

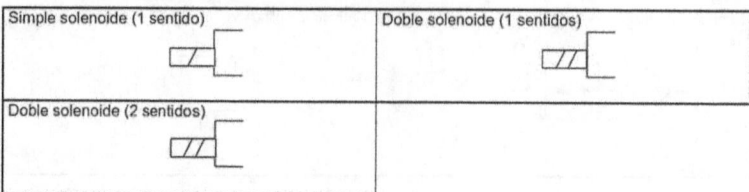

Simple solenoide (1 sentido)	Doble solenoide (1 sentidos)
Doble solenoide (2 sentidos)	

Activadores de válvulas hidráulicos

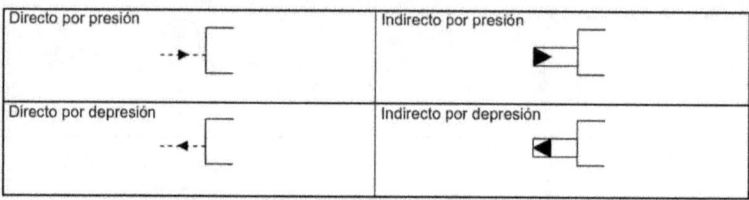

Directo por presión	Indirecto por presión
Directo por depresión	Indirecto por depresión

Instrumentos y accesorios

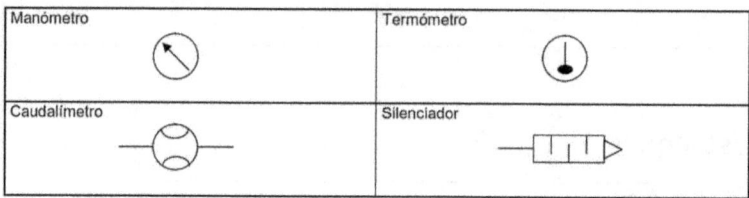

Manómetro	Termómetro
Caudalímetro	Silenciador

Ejercicios

Dibujar el símbolo según la descripción:

Compresor de aire	Motor neumático de un sentido de giro
Cilindro de simple efecto con retorno por muelle	Válvula 3/2 normalmente cerrada, activa por pulsador y retorno por muelle
Válvula "O"	Unidad de mantenimiento

Indicar el nombre del símbolo correspondiente:

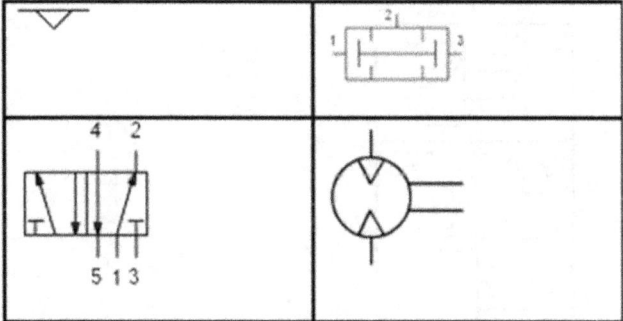

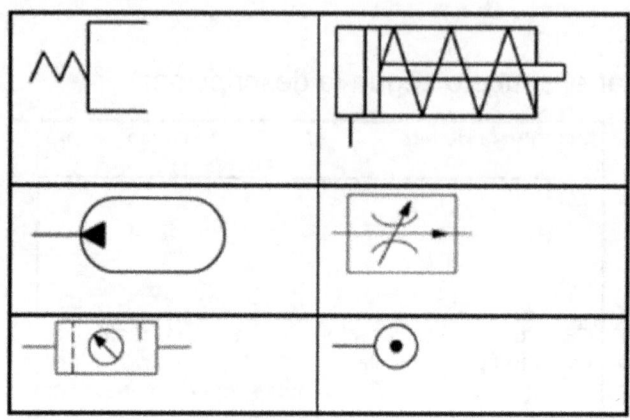
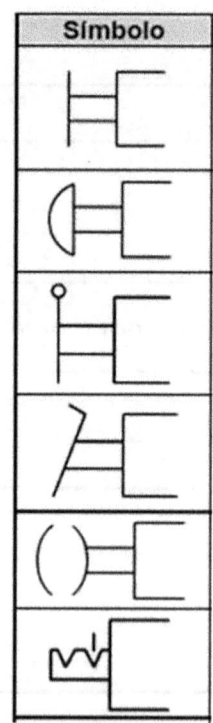

Símbolo

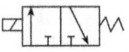
Análisis y diseño de circuitos hidráulicos

Funcionamiento de circuitos

El concepto de equipo hidráulico y/o neumático, comprende la totalidad de los elementos de mando y de trabajo unidos entre sí por tuberías. Los elementos de trabajo, denominados también como órganos motrices, son los que transforman la energía hidráulica y/o neumática. Esto es, los elementos de trabajo son los distintos tipos de actuadores ya analizados. Los elementos de mando, son los procesadores de información y se clasifican en:

- Órganos de regulación.
- Elementos de mando.
- Emisores de señal.

Los primeros gobiernan los elementos de trabajo. Los segundos, comandan los anteriores y los emisores de señal detectan cuando deben actuar los elementos de mando. Para explicar el funcionamiento de los distintos componentes hidráulicos y/o neumáticos, es indispensable relacionarlos entre sí. Por eso se explican a continuación algunos circuitos elementales con los que se podrá distinguir más claramente el funcionamiento de los distintos componentes de éstos.

Accionamiento de un cilindro simple efecto hidráulico

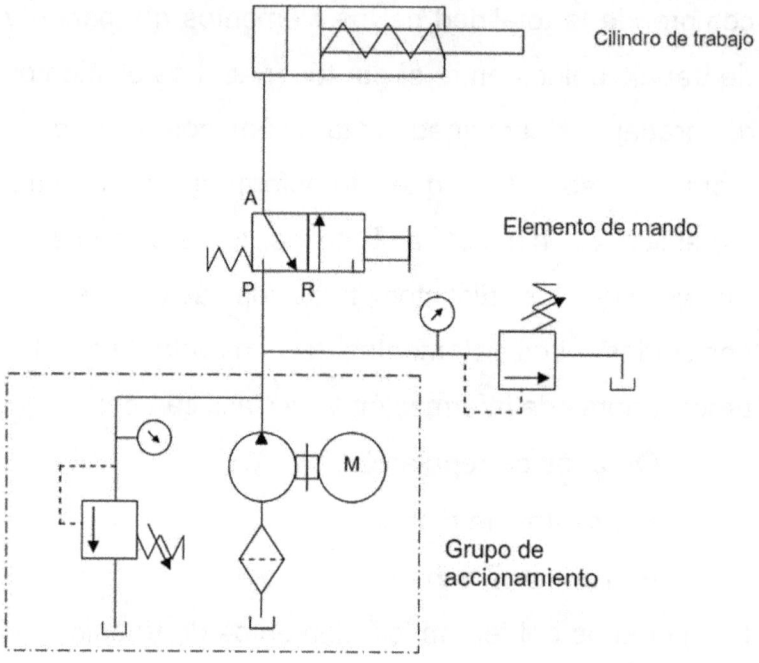

Cilindro de trabajo

Elemento de mando

Grupo de accionamiento

En este circuito, el grupo de accionamiento compuesto por la bomba, un filtro a la entrada y la válvula limitadora de presión, entrega la señal hidráulica a la válvula distribuidora 3/2, normalmente cerrada, retorno por resorte y de accionamiento manual, cuando es accionada, entrega la señal al cilindro unidireccional con lo que su pistón empieza la carrera de salida, en el momento en que deja de accionarse la válvula distribuidora la presión a que estaba sometido el cilindro es liberada a tanque con lo que el resorte interno del cilindro provoca la carrera de entrada del pistón. Este circuito cuenta con una válvula de seguridad adicional utilizada para mantener en el circuito una presión menor que la que soporta la bomba.

Accionamiento de cilindro simple efecto neumático

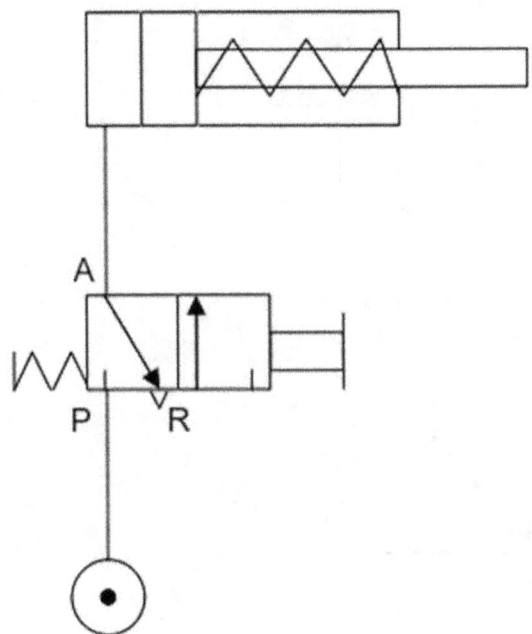

Este circuito es similar al anterior, con algunas diferencias básicas, en lugar de bomba tiene un compresor y no cuenta con válvulas limitadoras de presión, su operación es igual al anterior.

Accionamiento de cilindro doble efecto hidráulico

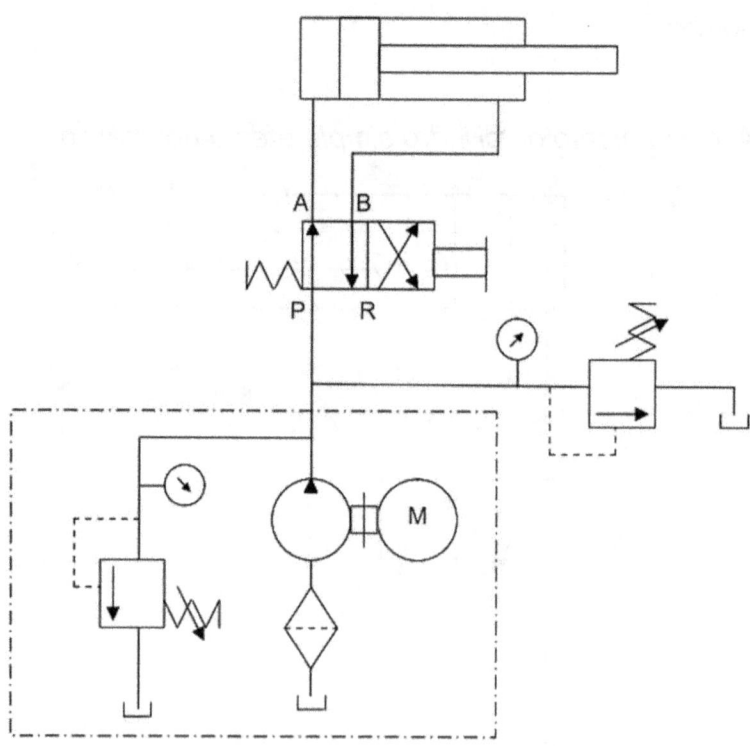

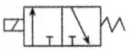

El grupo de accionamiento es básico en cualquier circuito hidráulico, en este circuito también se puede ver una válvula de seguridad, luego del grupo de accionamiento la señal llega a una válvula distribuidora 4/2 de accionamiento manual y centrada por resorte, en su posición de reposo, que es donde se encuentran las letras indicadoras de las diferentes vías, la señal pasa de P a A, con lo que el pistón debe estar totalmente afuera, mientras que el retorno al tanque se produce a través de la misma válvula pero por la vía B – R.

Al accionar el mando de la válvula distribuidora esta queda en posición de flechas cruzadas, con lo que se conectan P – B y A – R, y la señal llega al cilindro por la cámara anular lo que hace entrar al pistón, este movimiento empuja al aceite de la cámara principal a través de la vía A – R, derivándolo a tanque.

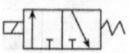
Accionamiento de cilindro doble efecto neumático

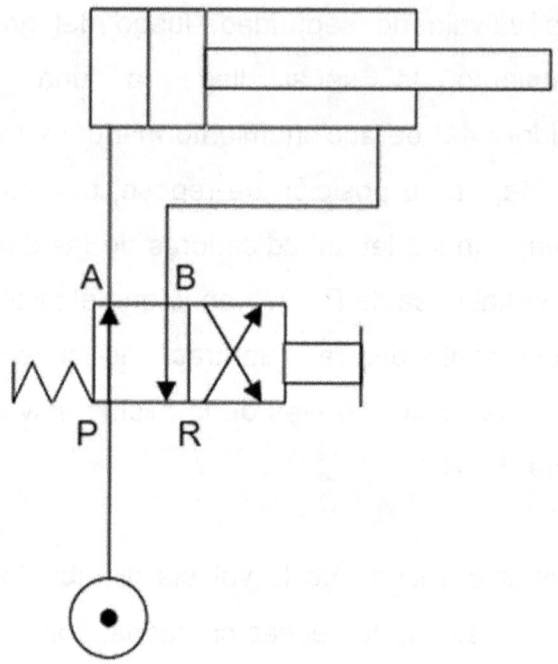

El funcionamiento de este circuito es igual que el anterior, con la sola diferencia que se cambia la bomba por un compresor y el aceite por aire comprimido.

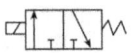
Regulación de la velocidad de avance de un cilindro

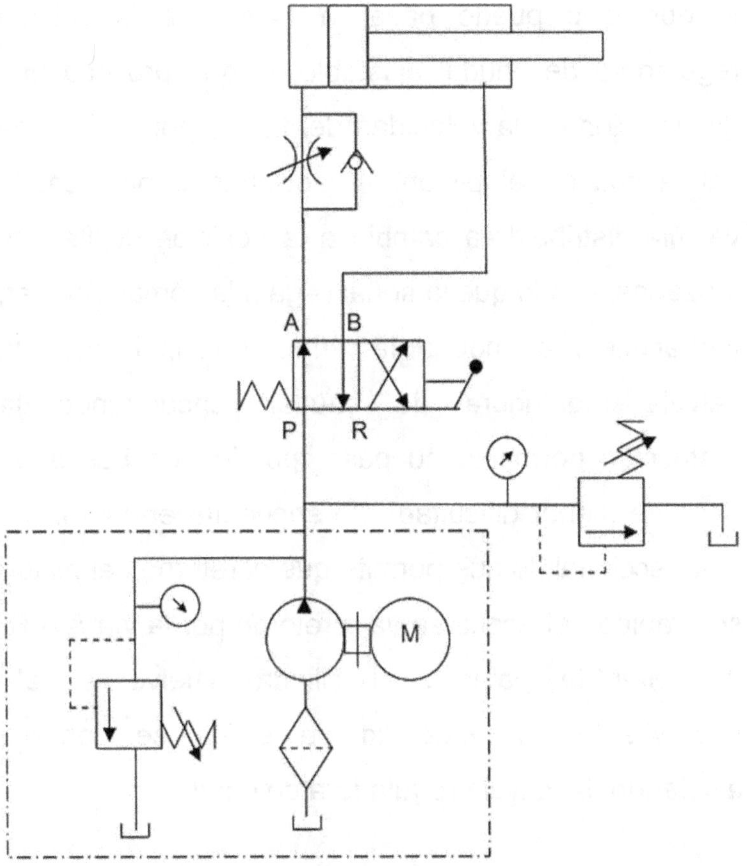

La señal pasa por la válvula distribuidora, accionada por palanca, en su posición de reposo, flechas paralelas, desde P a A, al llegar a la válvula reguladora de flujo, intenta pasarla por la válvula

unidireccional pero empuja la esfera contra su asiento (puede ser un disco) bloqueando su paso, por lo que solo puede pasar a través de la válvula reguladora de caudal ajustable, lo que provoca una disminución en la velocidad del flujo y por ende una salida suave del pistón. Al accionar la palanca, la válvula distribuidora cambia a la posición de flechas cruzadas, con lo que la señal llega a la cámara anular, y el aceite al abandonar la cámara principal llega a la válvula reguladora de caudal, encontrando la restricción normal a su paso, por lo que busca un paso de menor dificultad y lo encuentra en la válvula unidireccional, lo que permite que el retorno del pistón sea rápido, el aceite se va a retorno por la vía A – R. Al soltar la palanca el cilindro vuelve a salir suavemente, la velocidad de salida se controla ajustando la válvula reguladora de caudal.

Regulación de la velocidad de entrada del vástago
a)
Este circuito es igual al anterior con la sola diferencia que la válvula unidireccional está invertida, lo que permite que el avance del pistón sea rápida, la

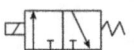

entrada del vástago es lenta debido a que cuando el aceite sale de la cámara principal no puede pasar por la válvula unidireccional siendo forzado su paso por la reguladora de flujo lo que restringe la salida del aceite hacia el retorno.

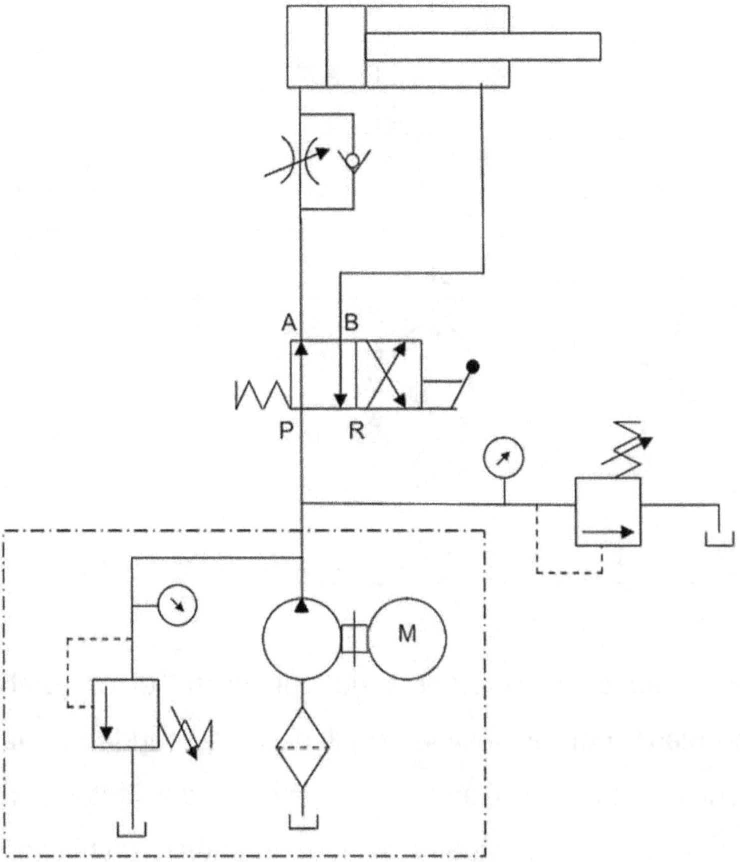

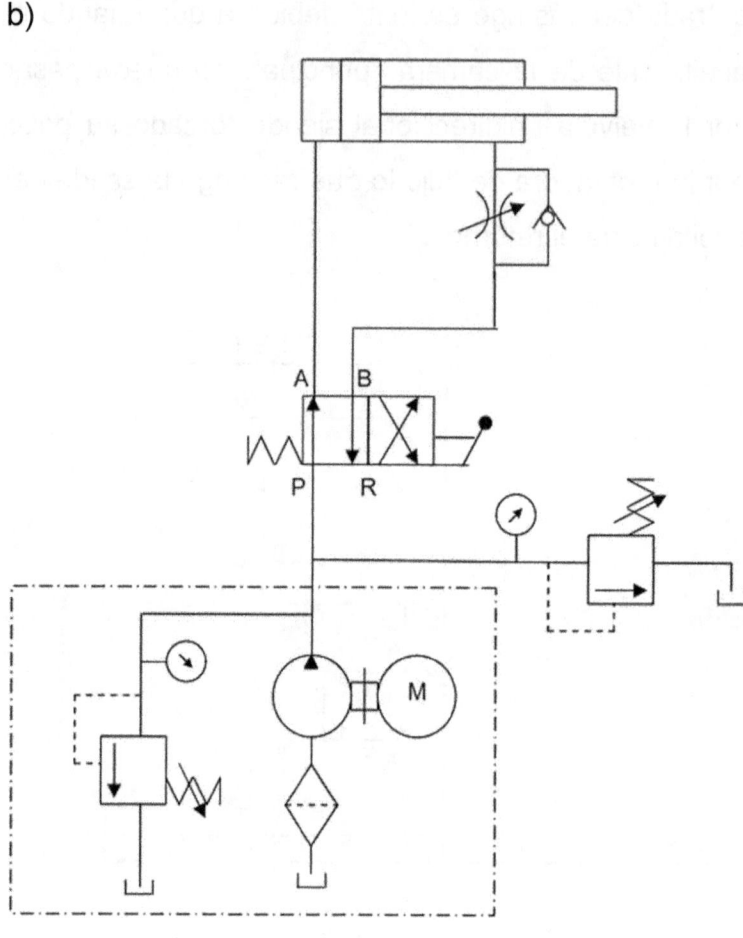

b)

En este caso se cambia de ubicación el conjunto formado por la válvula reguladora de caudal y la unidireccional, en la carrera de avance del vástago, la señal entra a la cámara principal sin tener restricción alguna, y la salida del aceite de la cámara anular es

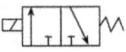
también sin restricción debido a que pasa por la válvula unidireccional. En la carrera de entrada del vástago, la señal, para entrar a la cámara anular, debe pasar por la reguladora de caudal ya que se bloquea la válvula unidireccional, esto genera una restricción al paso del aceite con lo que la entrada del vástago es lenta.

Accionamiento de cilindro doble efecto; dejando el vástago afuera antes de que se retraiga

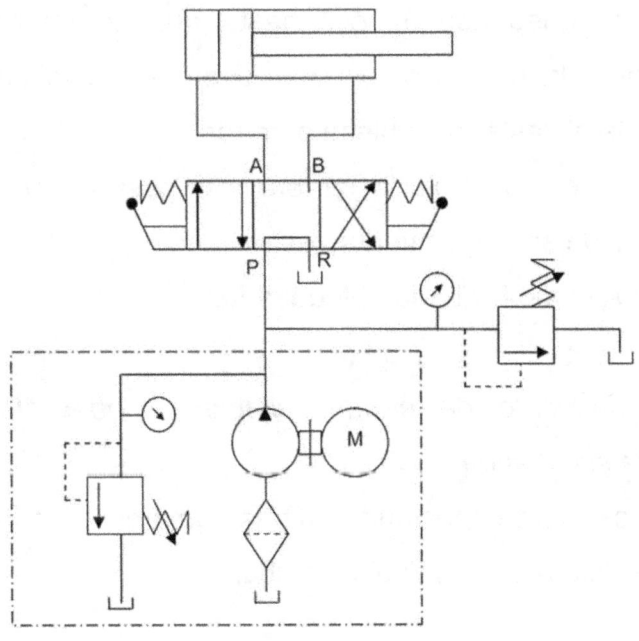

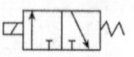

Esto se logra utilizando una válvula direccional de tres posiciones, la que está representada es una 4/3, de centro en tándem, accionada por palancas y centrada por muelles.

En posición de reposo de la válvula, esta se encuentra en la posición central, con la señal entrando por P y saliendo inmediatamente por R a tanque.

Al accionar la palanca de tal forma de dejar las flechas paralelas en posición de trabajo se logra que el vástago salga, al soltar la palanca el vástago se detiene quedando inmóvil hasta que se vuelva a accionar la misma palanca o la otra, si esto último sucede el vástago empieza a entrar.

El operador controla la carrera y la posición en que desea dejar el actuador, este queda trabado pues tanto A como B quedan bloqueadas.

Accionamiento de cilindro simple y doble efecto, salida simultanea

Esto se logra conectando ambas cámaras principales a la salida A de la válvula distribuidora.

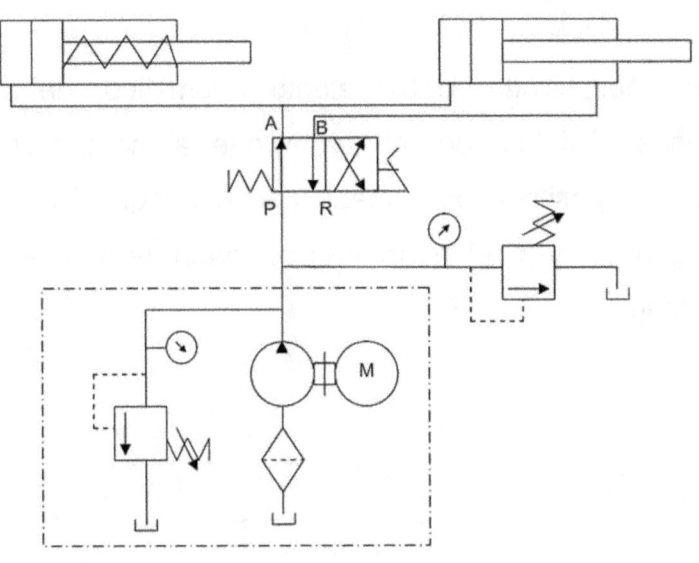

Accionamiento cilindros doble efecto; salida y entrada

en forma simultanea

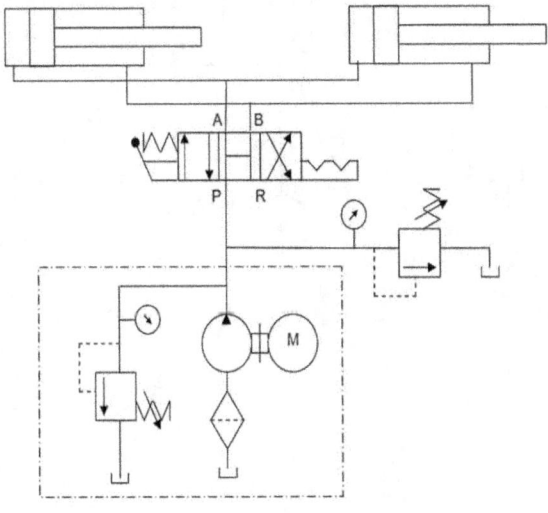

Ejercicios

Accionar cilindro doble efecto neumático, de dos zonas distintas, de tal forma que al completar la carrera positiva, permanezca en esa posición unos segundos y posteriormente se haga retroceder el vástago.

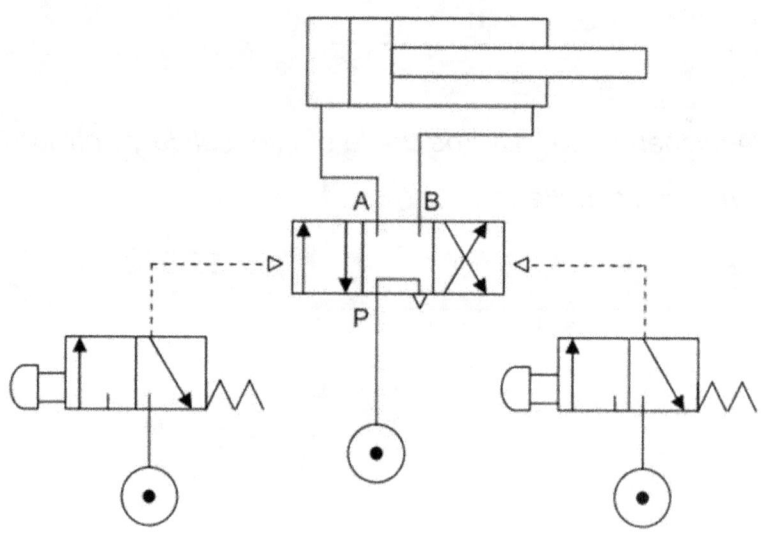

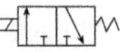
Diseñar un circuito hidráulico con dos cilindros y que ambas carreras se realicen en forma simultánea, pero la carrera positiva de B, deberá comenzar cuando se haya alcanzado un cierto nivel de presión en la línea de alimentación, luego la carrera negativa se realizará a igual velocidad.

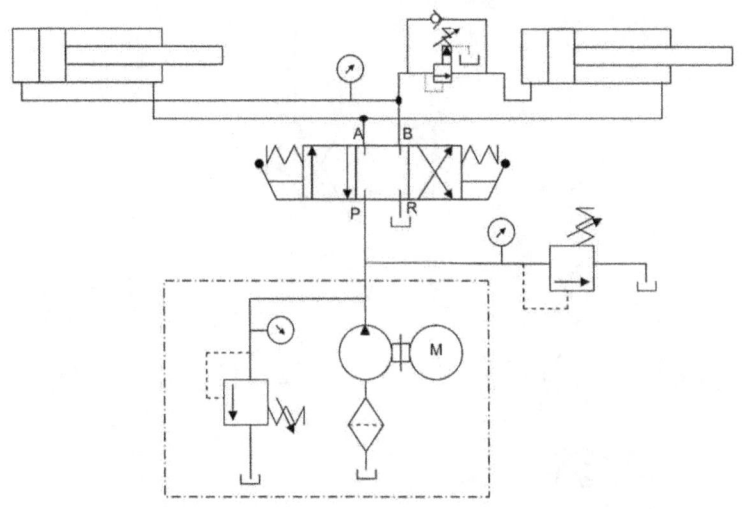

Se tiene un sistema con un cilindro doble efecto, y se requiere que realice éste su carrera positiva y se retraiga inmediatamente.

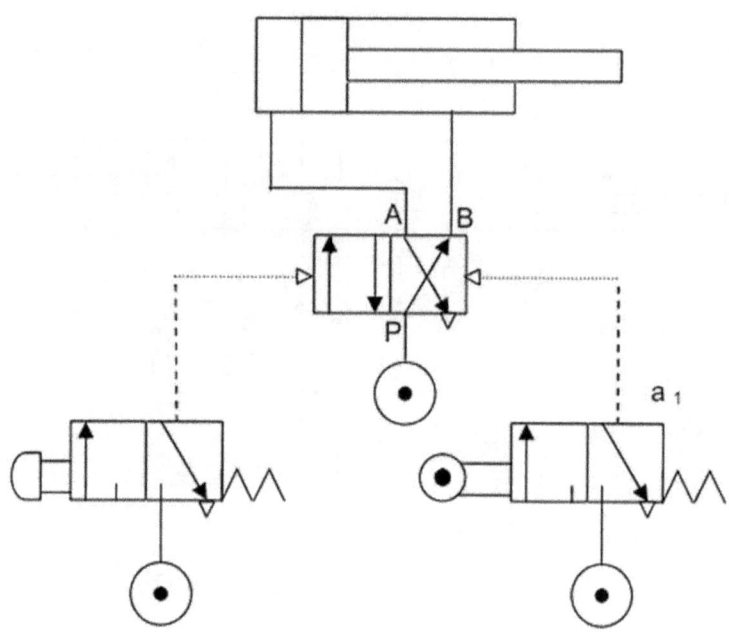

Se tiene un sistema compuesto por dos cilindros doble efecto A y B que deben desarrollar sus carreras de la siguiente manera A (+) – B (+) – A (-) – B (-).

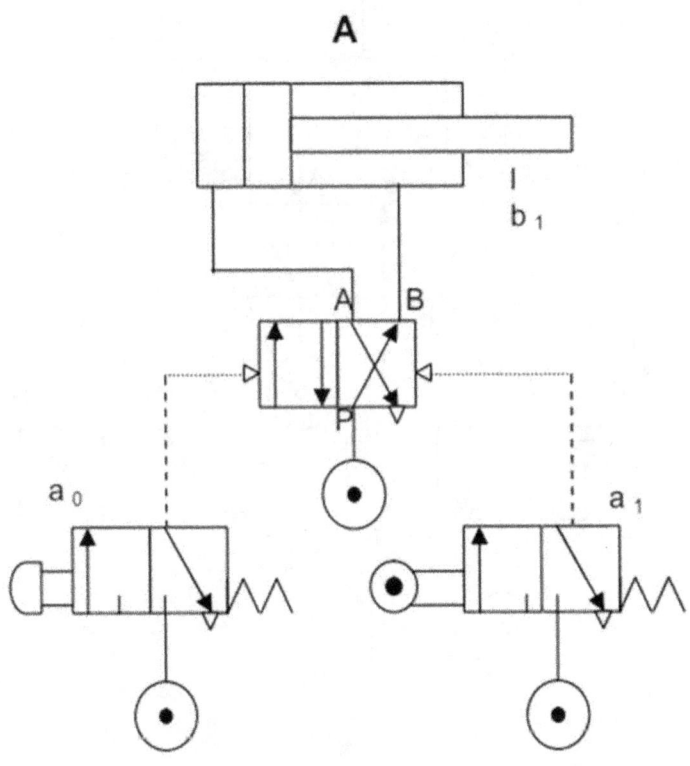

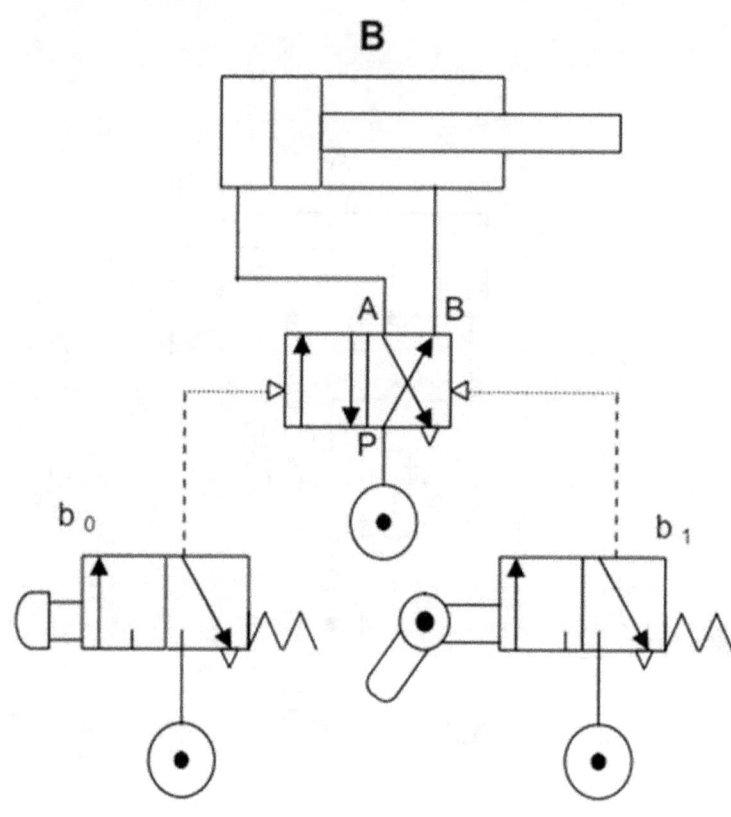

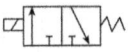

Se tiene un sistema compuesto por dos cilindros doble efecto A y B y se requiere que realicen el trabajo de la siguiente manera A (+) – B (+) – B (-) – A (-). Pero se requiere que la carrera positiva de B se realice luego que se haya alcanzado cierto nivel de presión en la cámara mayor del cilindro A.

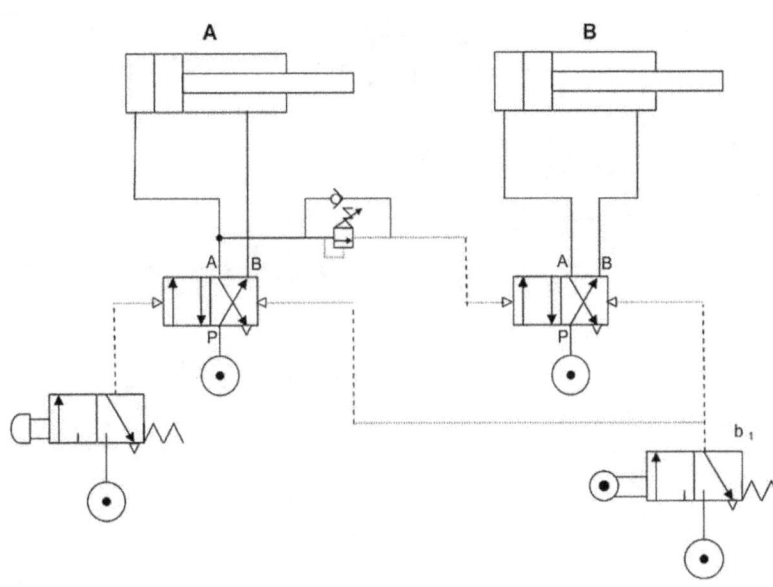

Se tiene un sistema neumático compuesto por dos
cilindros doble efecto, que deben realizar su
trabajo de la siguiente forma A (+), después
de 5 segundos B (+), después de 10 segundos de B
(+) – A (-) y finalmente B (-).

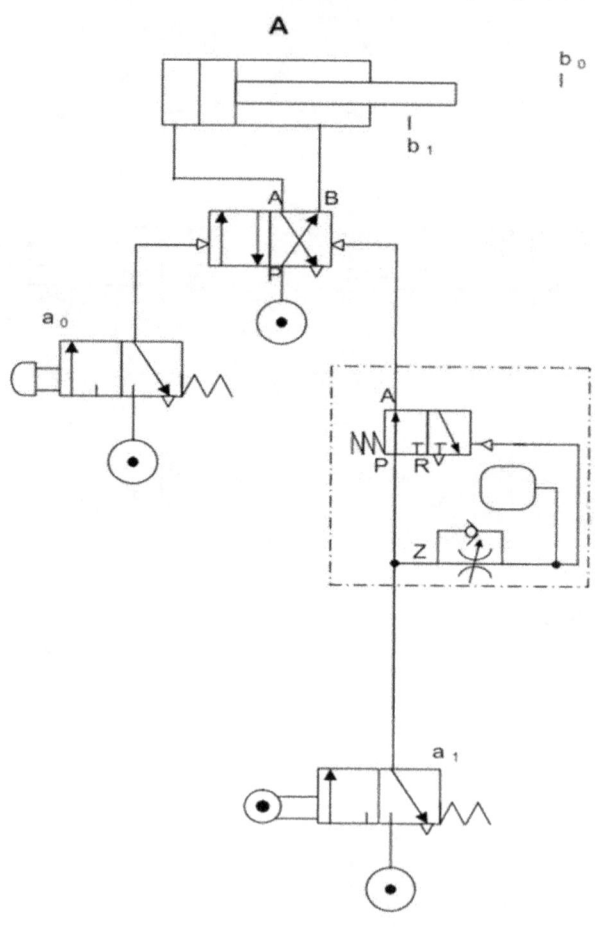

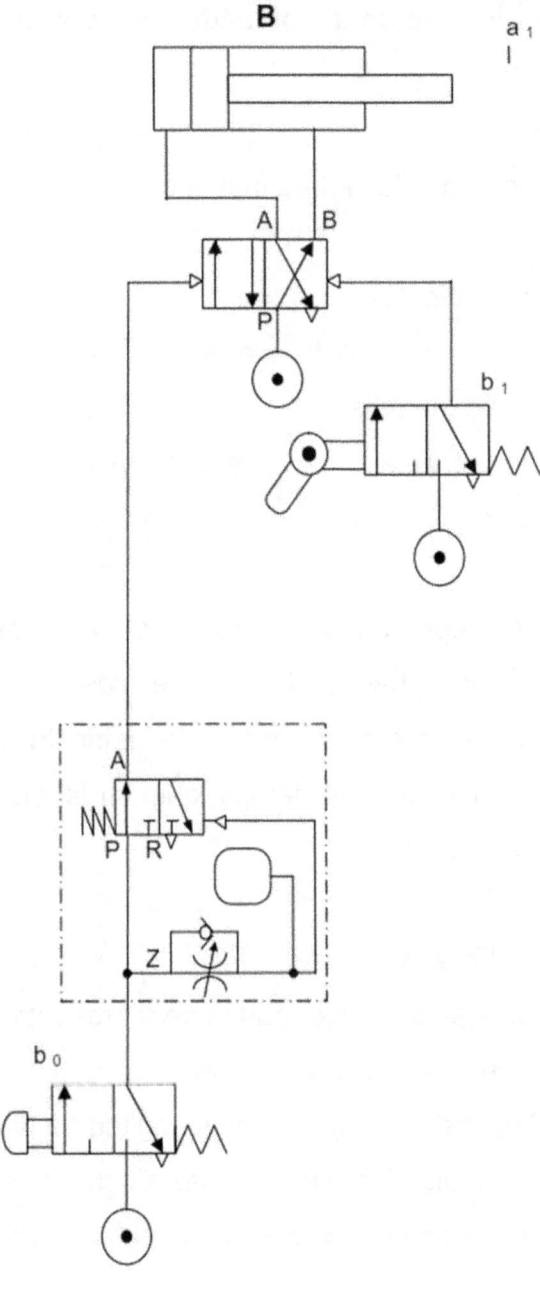

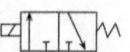

Enumeración de las cadenas de mando

Cilindros

Se designan con las letras mayúsculas:

A, B, C, D, E...

Válvulas principales

a, b, c, d, e...

Válvulas secundarias

a_1, a_2, a_3... b_1, b_2, b_3... c_1, c_2, c_3...

Diagramas

Se pueden representar los procesos y estados de los elementos de trabajo en función de orden cronológico de las fases, o bien el orden de estas fases, pero teniendo en cuenta el tiempo que tarda en realizar cada uno de ellos.

Diagrama Espacio - Fase

Sobre dos ejes de coordenadas se representan:

1.- en el eje de abscisas las fases.

2.- en el eje de las ordenadas la longitud de la carrera.

Si en el circuito intervienen más de un cilindro, se trazan los diagramas correspondientes a cada uno de

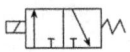

ellos, uno debajo del otro, atendiendo al orden de funcionamiento, con lo que es posible ver fácilmente la posición de los cilindros en cada fase.

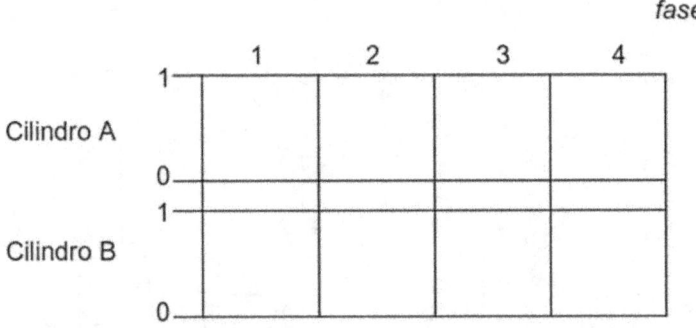

Ejemplo:

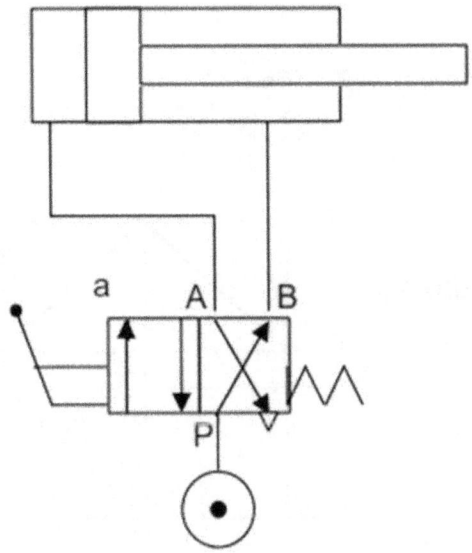

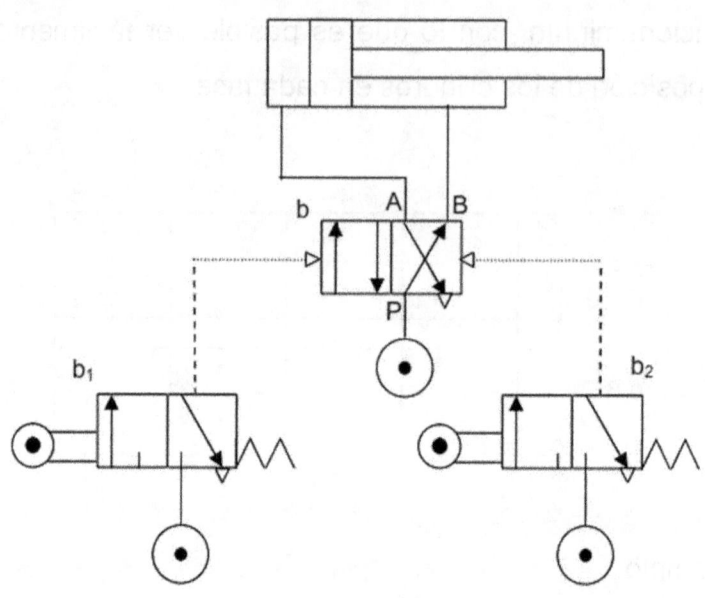

Diagrama espacio - fase

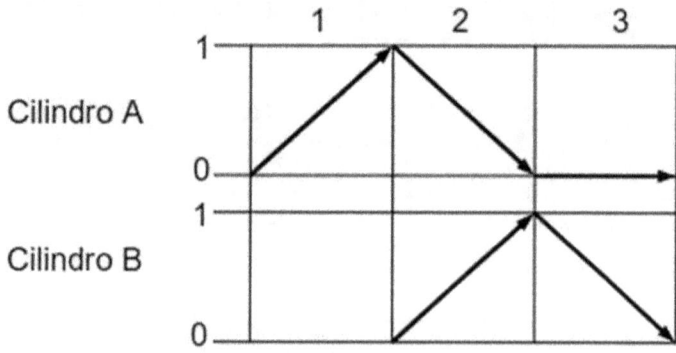

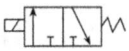
Diagrama Espacio – Tiempo

Se efectúa de manera igual al anterior, pero arcando las fases de acuerdo con el tiempo que tardan en realizarse.

Las líneas que representan el desplazamiento de los cilindros tendrán su inclinación en función de la velocidad.

Ejemplo:

Se forma un sistema hidráulico, conformado por dos cilindros, y se requiere que el cilindro A extienda su vástago en 2 segundos y lo retraiga en 3 segundos.

Además el cilindro B debe realizar su salida en el momento y durante el mismo tiempo que se retrae A, el retroceso de B se hará en 1 segundo.

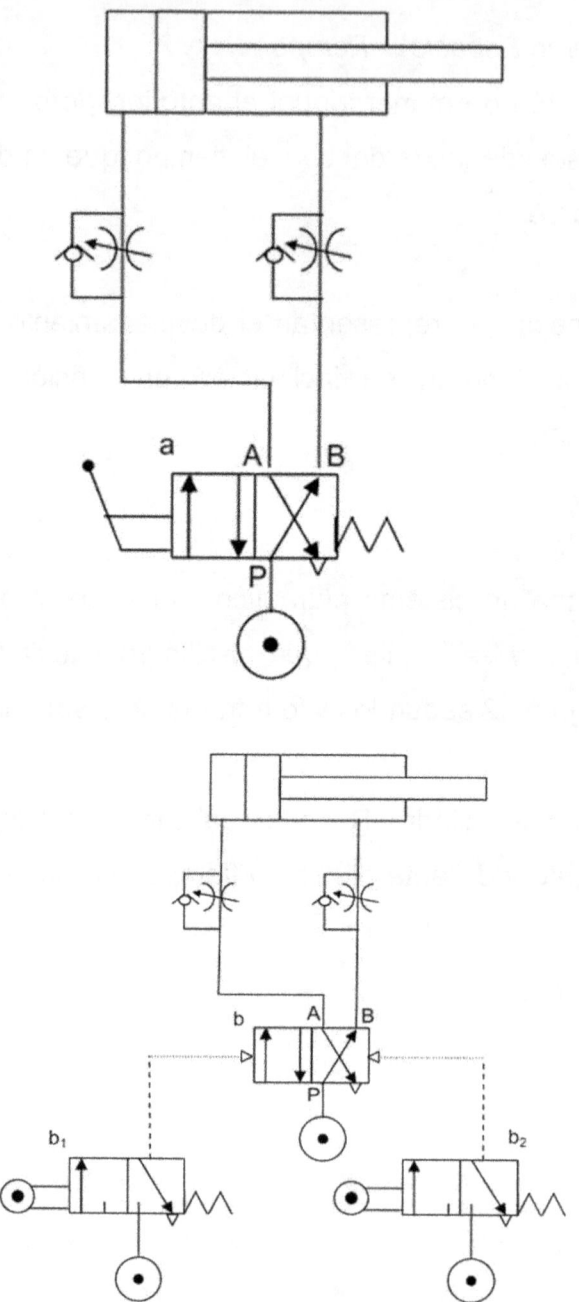

Diagrama espacio - tiempo

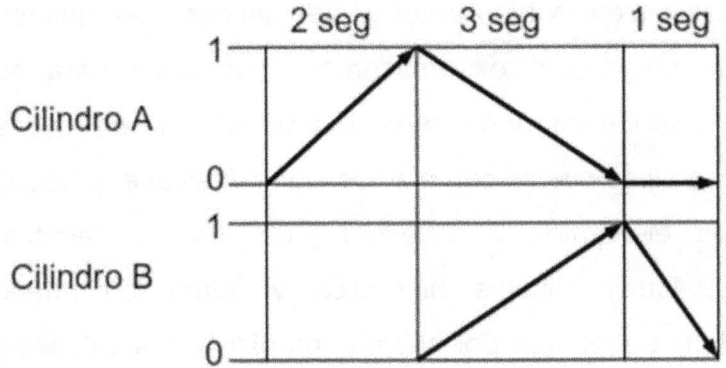

Fallos comunes en hidráulica

Los sistemas hidráulicos y neumáticos no requieren de un trabajo extremadamente complejo para su mantenimiento y conservación, puesto que en ambos casos, se cuenta con medios lubricantes que protegen los elementos y accesorios de dichos sistemas. Cualquier sistema hidráulico y neumático puede dañarse, ya sea por hacerlo trabajar a una velocidad excesiva, por permitir que se caliente demasiado, por dejar subir en exceso la presión, o por dejar que el fluido se contamine. Un correcto mantenimiento a estos sistemas evitará que se produzcan averías o daños. Atendiéndose a un programa de cuidados periódicos se evitan muchos inconvenientes y deterioros. De ésta forma y corrigiendo pequeños problemas se puede evitar la ocurrencia de grandes averías. Lo primero que un mecánico debe hacer, es determinar en forma precisa el modo en que se presenta la avería. Con lo cual le será fácil determinar si ésta obedece a causas de tipo mecánicas, hidráulicas o eléctricas. Si se realiza una comprobación sistemática y teórica, se puede ir

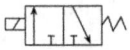

rodeando la avería hasta controlar el punto que se cree es la causa.

Se pueden distinguir:

1.- Averías de la sucesión y dirección de los movimientos de trabajo.

2.- Averías en las velocidades y regularidad de los movimientos de trabajo

En el caso primero, la causa radica principalmente en averías del mando (sistema electrónico o elementos hidráulicos del pilotaje).

En el segundo caso, dependen del caudal (bombas, compresores y reguladores de caudal) y del fluido (aceite, aire e impurezas en éstos).

Fallos en bombas y motores

La bomba o el motor hacen ruido

Puede deberse a:

- Ingreso de aire a la aspiración
- Obstrucción en el tubo de aspiración
- Filtro de aspiración tapado
- Nivel de aceite bajo
- Bomba o motor con piezas gastadas

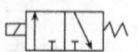

La bomba o el motor se calientan

- Puede deberse a:

- Refrigeración deficiente

- Cavitación

- Obstrucción en el circuito

- Presión muy alta

- Velocidad de giro elevada

La bomba no entrega caudal o lo hace en forma deficiente

Puede deberse a:

- Árbol de la bomba roto

- Entrada de aire en la aspiración

- Nivel de aceite bajo

- Sentido de giro invertido

- Filtro obstruido

- Bomba descebada

Fugas en la bomba o motor

Puede deberse a:

- Estanqueidad deficiente de los sellos y juntas

- Fugas en el cuerpo

– Piezas gastadas

La bomba o motor no gira

Puede deberse a:

– Llega poco caudal

– Fugas internas

– Carga inadecuada

– Motor o bomba inadecuada

Roturas de piezas internas

Puede deberse a:

– Presión de trabajo excesiva

– Agarrotamiento por falta de líquido

– Abrasivos no retenidos por el filtro

El motor gira más lento que el caudal que le llega

Puede deberse a:

– Fugas internas

– Presión baja de entrada

– Temperatura muy elevada

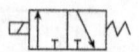

Desgaste excesivo de bombas y motores

Puede deberse a:

- Abrasivos o barros en el líquido

- Exceso o falta de viscosidad

- Presión muy elevada de trabajo

- Desalineamiento del eje de la bomba o motor

Fallas en válvulas

Válvula reguladora de presión

Regulador no regula o ajusta sólo a presión excesiva

Puede deberse a:

- Muelle roto

- Muelle agarrotado

- Muelle desgastado

Falta de presión

Puede deberse a:

- Orificio equilibrador obstruido

- Holgura en el émbolo

- Émbolo agarrotado

- Muelle agarrotado

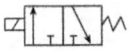

- Partículas que mantienen parcialmente abierta la válvula
- Cono o asiento gastado o en mal estado

Sobrecalentamiento del sistema

Puede deberse a:

- Trabajo continuo a la presión de descarga
- Aceite demasiado viscoso
- Fugas por el asiento de la válvula

Válvula reguladora de Caudal

Regulador no regula el caudal

Puede deberse a:

- Muelle roto
- Regulador agarrotado
- Asiento defectuoso
- Mal estado de válvula antirretorno

El caudal varía

Puede deberse a:

- Émbolo agarrotado en el cuerpo de la válvula
- Aceite demasiado denso

- Suciedad del aceite

Caudal inadecuado

Puede deberse a:

- Válvula mal ajustada
- Carrera del pistón de la válvula restringida
- Canalización u orificios obstruidos
- Aceite muy caliente

Válvula de retención

Fugas

Puede deberse a:

- Juntas en mal estado
- Conexiones flojas
- Asientos defectuosos

Válvula agarrotada

Puede deberse a:

- Contrapresión en drenaje
- Asiento defectuoso
- No hay drenaje

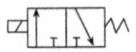

Válvulas distribuidoras

El distribuidor se calienta

Puede deberse a:

- Temperatura elevada del aceite

- Aceite sucio

- Carrete agarrotado

- Avería en el sistema eléctrico

Distribución incompleta o defectuosa

Puede deberse a:

- Conmutador con holgura o agarrotado

- Presión de pilotaje insuficiente

- Electroimán quemado o defectuoso

- Muelle de centrado defectuoso

- Desajuste del émbolo o conmutador

El cilindro se extiende o retrae lentamente

Puede deberse a:

- El émbolo de distribución no se centra bien

- El émbolo de distribución no se corre al tope

- Cuerpo de válvula gastado

- Fugas en el asiento de la válvula

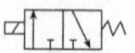

Fugas en la válvula

Puede deberse a:

- Juntas defectuosas
- Contrapresión en el drenaje
- Ralladuras en el conmutador y/o asiento de la válvula
- Conexiones defectuosas

Carrete o conmutador agarrotado

- Puede deberse a:
- Suciedad o contaminación en el fluido
- Aceite muy viscoso
- Juntas en mal estado
- Ralladuras

Fallas en filtros

Filtración inadecuada

Puede deberse a:

- Filtro obstruido
- Filtro inadecuado
- Mantenimiento inadecuado
- Exceso de suciedad en el aceite

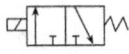

- Al estar el conducto tapado se abre la VLP y el aceite pasa sin filtrar

Fallas en conectores y tuberías

Vibraciones

Puede deberse a:

- Caudal pulsatorio de la bomba
- Aire en el circuito
- Regulación de la presión inestable
- Cavitación
- Tuberías mal fijadas

Mala estanqueidad

- Puede deberse a:
- Juntas desgastadas o mal instaladas
- Conectores flojos o sueltos
- Mala instalación
- Tubería con tensiones.

Automatización de un sistema hidráulica

Válvula lógica selectora de circuito (válvula "O")

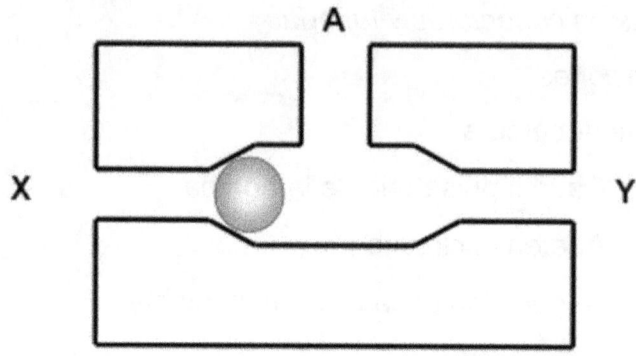

Esta tiene dos posibles llegadas de aire comprimido X e Y. La presión llega alternativamente por una de ellas, asentando la bola en el sector izquierdo obturando la conexión X, y de este modo la señal de presión se comunica a la conexión A.

Si la señal llega por X, la bola se ajusta sobre el asiento contrario bloqueando la conexión Y, y estableciendo comunicación con la línea o conexión A. Cuando la conexión A está a retorno, la bola permanece en la posición en que se encuentra.

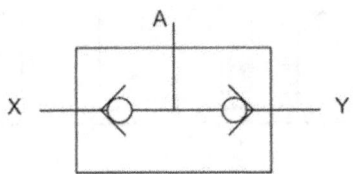

Presenta gran ventaja cuando se desea controlar un cilindro o válvula desde dos puntos distintos en forma alternativa.

Simbología

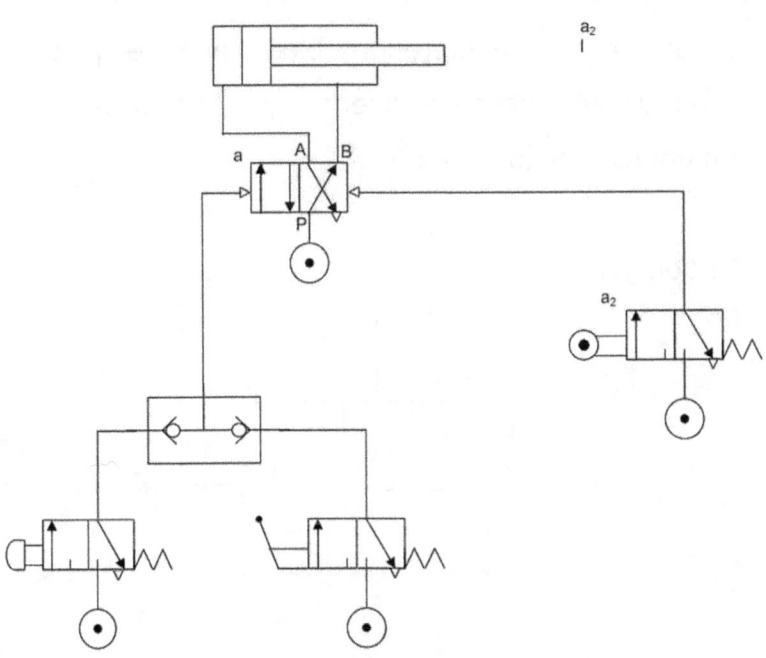

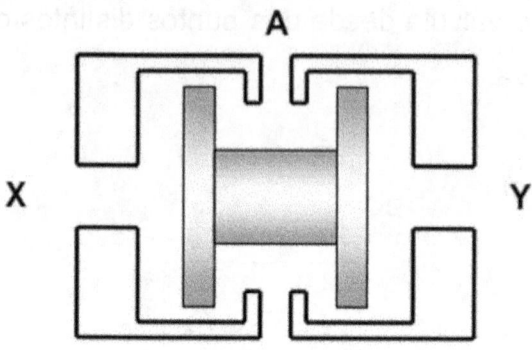
Válvula de simultaneidad (válvula "Y")

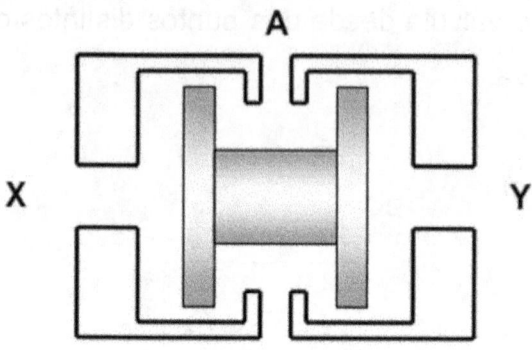

La válvula tiene dos entradas, X e Y; debiendo llegar señal de presión por ambas. La señal que llega primero mueve la corredera bloqueando el paso a través de ella, pero permitiendo que la otra señal se comunique con la conexión A.

Simbología

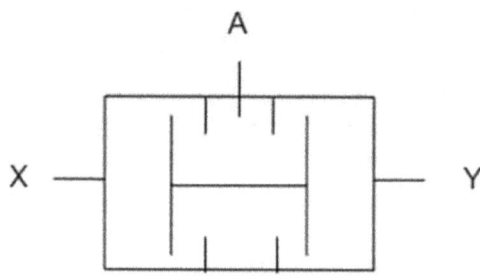

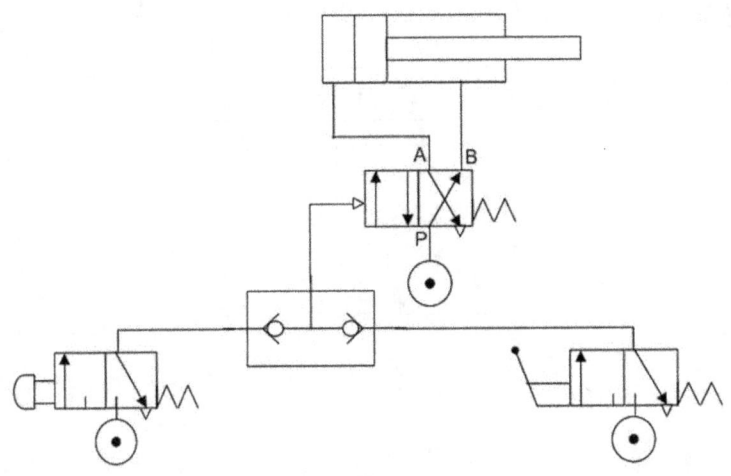

Ciclo semiautomático

Es aquel que requiere de un accionamiento manual para partir, pero el resto del ciclo se desarrolla en forma automática.

Una vez que el ciclo termina el sistema se detiene y no se repite si no se actúa nuevamente para dar la partida.

Ejemplo

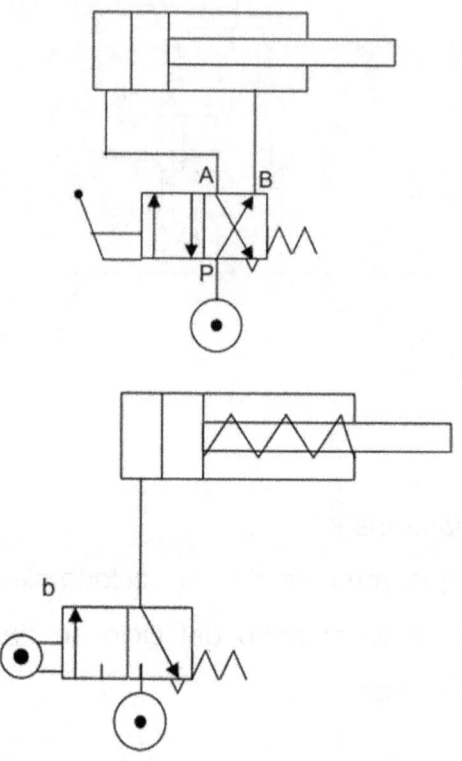

Ciclo automático

En este caso, una vez que se ha dado partida al sistema, el ciclo de trabajo se repite una cantidad indeterminada de veces, hasta que sea detenido.

Ejemplo

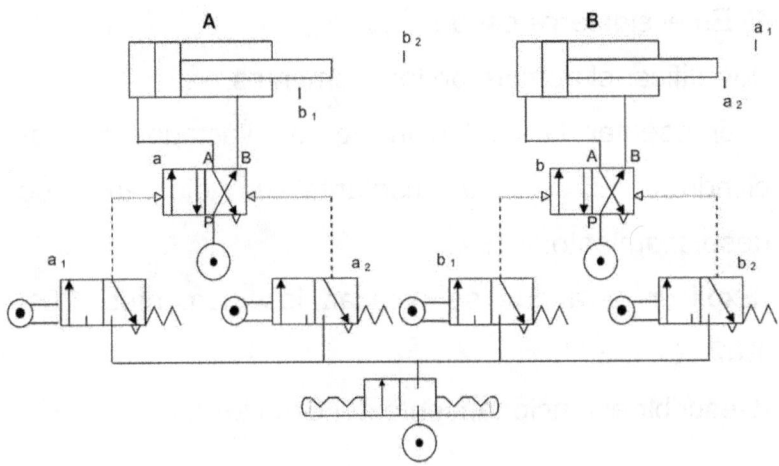

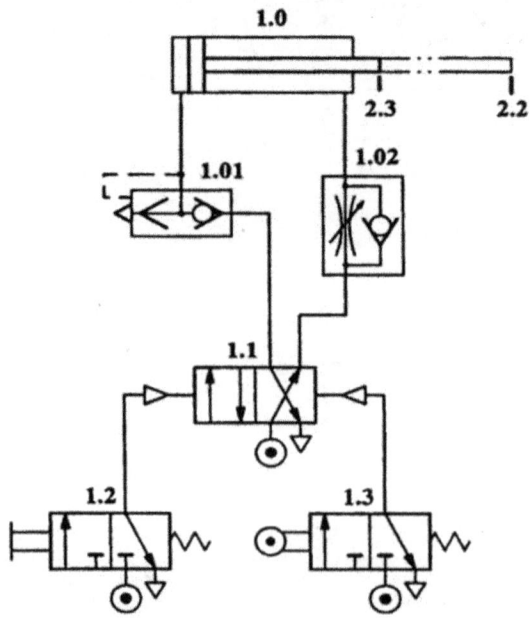

Ejercicios

1) En el siguiente esquema:

-Identificar el nombre de los elementos.

-Representar la evolución de los vástagos de los cilindros 1.0 y 2.0 mediante un diagrama de desplazamiento.

-Explicar para qué se colocan los elementos 1.01, 1.02, 2.01, 2.02.

-Describir el funcionamiento del circuito.

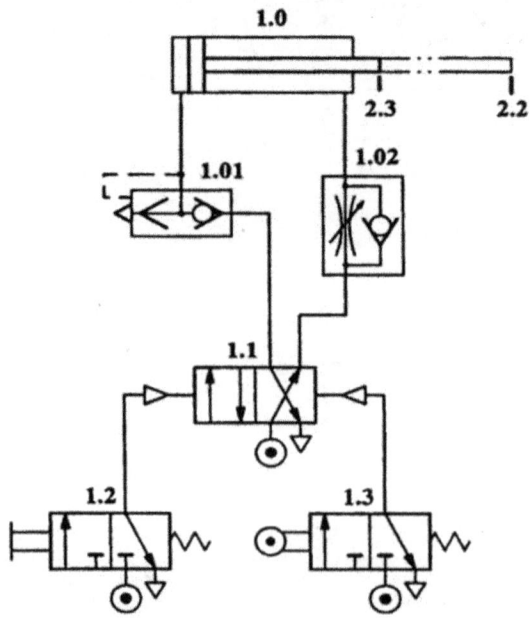

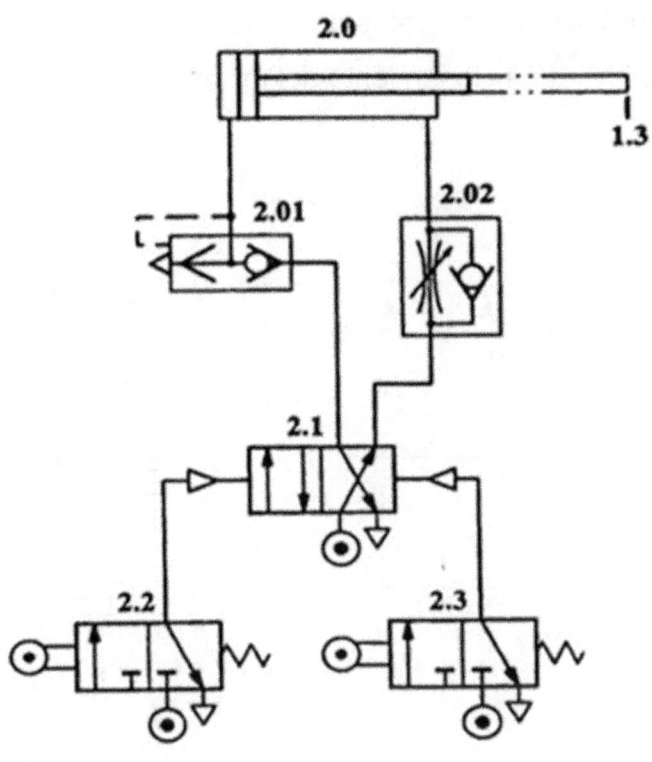

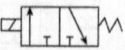

2) En el siguiente esquema:

-Identificar los elementos del circuito.

-Explicar el funcionamiento del mismo.

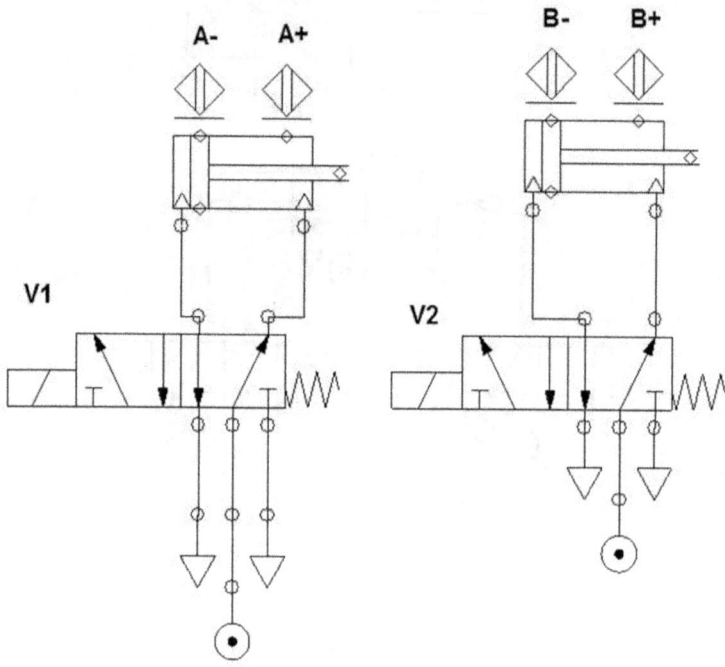

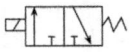
3) Analizar el siguiente circuito hidráulico:

-Su funcionamiento.

-Qué función cumplen los elementos 0.1, 1.01 y 1.3.

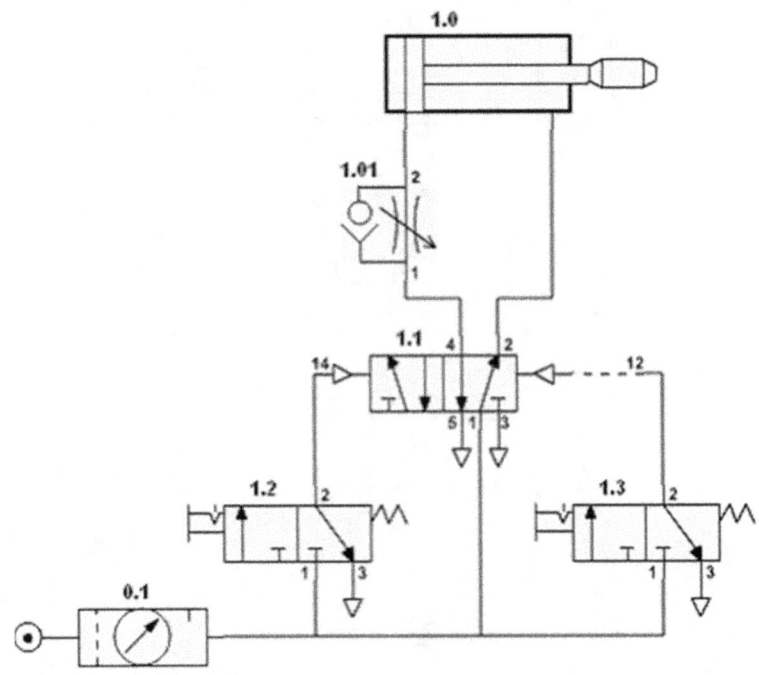

4) En el siguiente circuito hidráulico:

-Analizar el funcionamiento del siguiente esquema.

-Agregar elementos (al menos 2) para complementar el circuito.

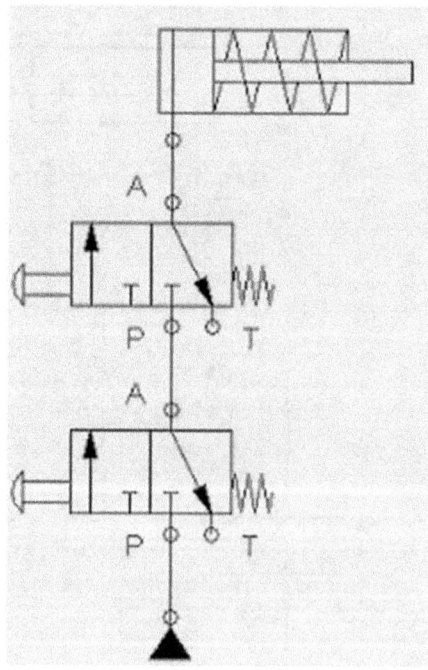

5) En el siguiente circuito hidráulico:

-Describir los elementos del circuito.

-Analizar el funcionamiento.

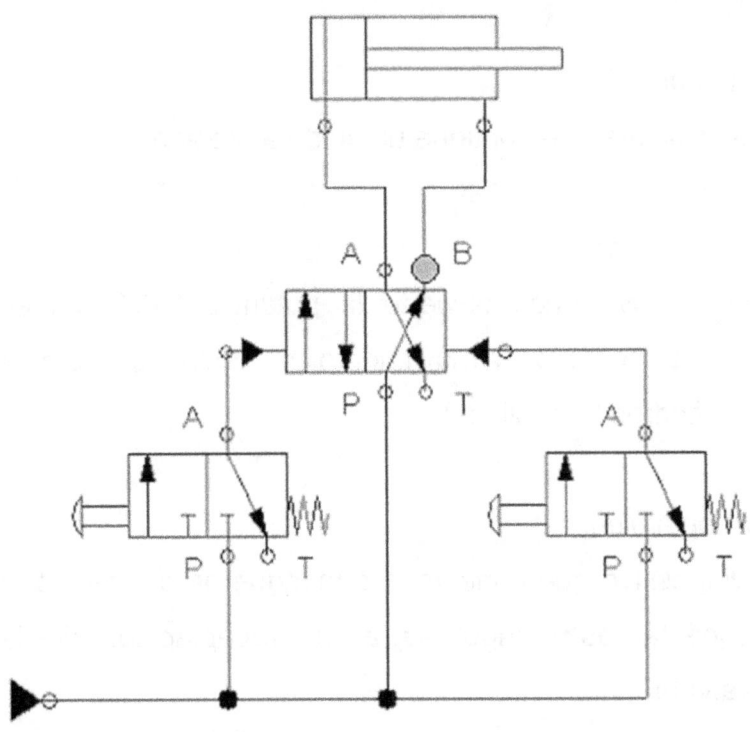

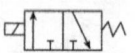

Glosario de términos hidráulicos

A

Actuador

Dispositivo que convierte la energía hidráulica en energía mecánica, un motor o un cilindro.

Acumulador

Recipiente que contiene un fluido a presión.

Accionador

Dispositivo que convierte la potencia hidráulica en fuerza mecánica y movimiento (por ejemplo: motores u cilindros hidráulicos)

Acoplamiento

Dispositivo que conecta dos mangueras o tuberías, o conecta las mangueras a los receptáculos de la válvula

Aeración

Aire en un fluido hidráulico, causa problemas en el funcionamiento del sistema y en los componentes.

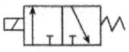
Área anular

Es el área en forma de anillo, por ejemplo el área del pistón menos el área de la varilla.

Amortiguador

Dispositivo montado algunas veces dentro del extremo del cilindro, que restringe el flujo de salida y hace que el pistón baje lentamente.

B

Baffle

Dispositivo. Usualmente es un plato en el reservorio para separar la admisión de una bomba y las líneas de retorno.

Bleed off

Desvía una porción controlada de flujo de la bomba del reservorio.

Bomba

.La bomba que envía el fluido al sistema.

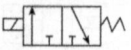

By-pass

Pasaje secundario para el flujo de un fluido.

C

Caballos de fuerza

Esta es la base y el término utilizado para medir la potencia mecánica.

Se requiere un caballo de fuerza para levantar 33,000 lbs. a un pie de altura en un minuto o 550 libras aun pie de altura en un segundo.

Un HP es la potencia requerida para levantar 550 libras a 1 pie de altura en 1 minuto. Equivale a 0,746 kW.

Caída de presión

Reducción de la presión entre dos puntos de una línea o pasaje.

Calor

Es una forma de energía que tiene la capacidad de crear un aumento de temperatura en una sustancia. Se mide en BTU (British Thermal Unit).

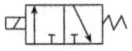

Cámara

Compartimiento de un elemento hidráulico.

Carrera

Longitud que se desplaza el vástago de un cilindro de tope a tope. Unidades: m, cm, pulgadas, pies.

Caudal

Volumen de fluido que circula en un tiempo determinado. Unidades: m³/min, cm³/min, l/min, gpm.

Cavitación

Condición que producen los gases encerrados dentro de un líquido cuando la presión se reduce a la presión del vapor.

Centro abierto

Condición de la bomba en la cual el fluido recircula en ella, por la posición neutral del sistema.

Centro cerrado

Condición en la cual la salida de la bomba no está con carga, en algunos casos está trabajando en neutro.

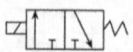

Ciclo

Operación completa de un componente que comienza y termina en una posición neutral.

Cilindro de doble acción

.Es un cilindro cuya fuerza del fluido puede ser aplicada en ambas direcciones.

Cilindro diferencial

Cilindros en los cuales las dos áreas opuestas del pistón no son iguales.

Cilindro

Dispositivo que convierte energía hidráulica en energía mecánica.

Circuito

Entiéndase del recorrido completo que hace un fluido dentro del sistema hidráulico.

Circuito regenerador

Circuito en el que el fluido a presión , descargado de un componente retorna al sistema para disminuir los

requerimientos de entrada de flujo .Se usa con frecuencia para acelerar la acción de un cilindro al dirigir el aceite descargado al extremo del vástago al extremo del pistón.

Componente

Una sola unidad hidráulica.

Conducto

Tubería cuyo diámetro externo es estándar en rosca.

Contra-presión

Se refiere a la presión existente en el lado de descarga de una carga. Se debe añadir esta presión para el cálculo de mover una carga.

Controlador

Microprocesador que controla las funciones de la válvula electrohidráulica.

Controles hidráulicos

Es un control que al actuarlo determina una fuerza hidráulica.

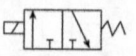

Convertidor de torque

.Un tipo de acople hidráulico capaz de multiplicar el toque que ingresa.

Corrimiento

Movimiento de un cilindro o de un motor causado por el juego interno de sus piezas, que se trasmite a los componentes del sistema hidráulico.

D

Depósito

Recipiente para mantener un suministro de fluido de trabajo de un sistema hidráulico.

Derivación

Camino alterno para un flujo de fluido.

Desplazamiento positivo

.Característica de las bombas de engranaje y de paletas.

Desplazamiento

Es la cantidad de fluido que puede pasar por una bomba, un motor o un cilindro en una revolución o carrera. Movimiento del vástago de un cilindro. Volumen desplazado de aceite al recorrer la carrera completa del cilindro. Unidades: m³, cm³, L, gal.

E

Eficiencia

Es la relación entre la salida y la entrada, esta puede ser volumen, potencia, energía y se mide en porcentaje.

Energía

La energía puede almacenarse y / o transferirse como en resortes y puede ser en forma de calor, luz, gases o líquidos comprimidos.

Los resortes pueden mover piezas mecánicas; y el calor causa la explosión de gases y metales; los gases y líquidos comprimidos son capaces de aplicar fuerza sobre objetos.

Enfriador

Intercambiador de calor del sistema hidráulico.

F

Filtro

Dispositivo que retiene partículas metálicas o contaminantes del fluido.

Fluido

Líquido o gas. Un líquido que es específicamente compuesto para usarlo como medio de transmitir potencia en un sistema hidráulico.

Flujo

Es producido por la bomba que suministra el fluido.

Frecuencia

Número de veces que ocurre en una unidad de tiempo.

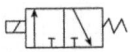

Fuerza

Efecto necesario para empujar o jalar, depende de la presión y el área. F = P x A. Es la aplicación de una energía. La fuerza hace que un objeto en reposo se mueva. La fuerza hace que un objeto en movimiento cambie de dirección.

H

Hidráulica

Ciencia de la ingeniería que estudia los fluidos.

El uso de un fluido bajo presión controlada para realizar un trabajo.

Hidrodinámica

Estudio de los fluidos en movimiento.

Hidrostática

Estudio de los fluidos en reposo.

I

Intercambiador de calor

Dispositivo usado para producir transferencia de calor.

L

Ley de Pascal

La fuerza hidráulica se transmite en todas direcciones. "La presión ejercida sobre un líquido confinado se transmite con igual intensidad en todas direcciones y actúa con igual fuerza sobre todas las áreas iguales".

Línea de retorno

Línea usada para regresar el fluido al reservorio.

Línea de succión

Línea que conecta el reservorio con la bomba.

Líquido

Sustancia con la capacidad de adoptar cualquier forma.

M

Manifold

Múltiple de conexiones o conductores.

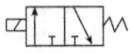

Motor

Dispositivo que cambia la energía hidráulica en mecánica en forma giratoria.

O

Orificio

Es una restricción que consiste en un orificio a través de la línea de presión.

P

Pasaje

Conductor de fluido a través del control hidráulico.

Pascal

Científico que descubrió que se podía transmitir fuerza a través de un fluido.

Pistón

Elemento que dentro del cilindro recibe el efecto del fluido.

Plunger

Pistón usado en las válvulas.

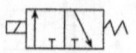

Potencia

Es la cantidad de trabajo realizada en un periodo de tiempo o la velocidad a que una cantidad dada de trabajo se realiza. Un hombre puede cargar 5 toneladas de carbón en 8 horas, pero otro podría cargar 8 toneladas en 8 horas. El segundo hombre tiene mayor potencia porque realizó mayor trabajo en el mismo período de tiempo.

Presión

Fuerza por unidad de área. Se expresa en PSI o en kPa. Es creada por la restricción al flujo. La presión ejercida en un recipiente es la misma en todas direcciones.

Presión absoluta

Escala de presiones en la cual a la presión del manómetro se le suma la presión atmosférica.

Presión atmosférica

Es la presión que soporta todo objeto, debido al peso del aire que le rodea. El valor de la presión atmosférica normal es 14.7 PSI (a nivel del mar).

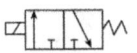

PSI

Pound per square inch - Libras por pulgada cuadrada.

R

Relación de flujo

El volumen, masa, peso del fluido, en una unidad de tiempo.

Reservorio

Depósito que contiene el fluido hidráulico.

Respiradero

Dispositivo que permite al aire entrar y salir del recipiente manteniendo la presión atmosférica.

Restricción

Reducción de la línea para producir diferencias de presión.

S

Spool

Carrete que se mueve dentro de un cuerpo de válvula.

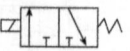

Succión

Es la ausencia de presión o presión menor que la atmosférica.

T

Torque
Fuerza de giro.

Trabajo

Es el efecto que produce una fuerza cuando se desplaza una determinada distancia, se mide en kg-m, N-m, lb-pie. Es el movimiento de un objeto a través de una distancia. El trabajo es una función de fuerza por distancia. Cuando un peso de una libra se alza una distancia de cinco pies, se ha realizado un trabajo de cinco libras-pie. Si se aplica una fuerza de diez libras para mover un automóvil diez pies, entonces se ha realizado 100 lbs-pie de trabajo no importa el peso del auto.

Torque o torsión

Es un esfuerzo de torcimiento o de giro, la torsión no tiene su resultado en movimiento rectilíneo.

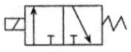

La torsión se mide multiplicando la fuerza aplicada a una palanca, en otras palabras multiplicamos la fuerza por la longitud de la palanca, o sea la longitud comprendida entre el extremo donde actúa la fuerza y el extremo donde se apoya la palanca.

Si aplicamos al extremo de una llave de boca de dos pies de longitud para ajustar un perno, una fuerza o tiro de 10 lbs hemos aplicado 20 lbs pie de torsión al perno.

V

Válvula check
Válvula que permite el flujo en un solo sentido.

Válvula de alivio
Es la que determina la máxima presión del sistema, desviando parte de aceite hacia el reservorio cuando la presión sobrepasa el valor ajustado.

Válvula de control de flujo
Válvula que controla la cantidad de flujo de un fluido.

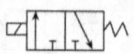
Válvula direccional

Válvula con diferentes canales para dirigir el fluido en la dirección deseada.

Válvula piloto

Válvula auxiliar usada para actuar los componentes del control hidráulico.

Válvula

Dispositivo que cierra o restringe temporalmente un conducto. Estas controlan la dirección de un flujo, controlan el volumen o caudal de un flujo y controlan la presión del sistema.

Velocidad

Es la rapidez de movimiento del flujo en la línea.

Viscosidad

Es una medida de la fricción interna o de la resistencia que presenta el fluido al pasar por un conducto.

Volumen

Tamaño de espacio de la cámara, se mide en unidades cúbicas: m³, pies cúbicos.

Bibliografía

CANO GALLEGO, Rodrigo. Flujo en tuberías y canales. Medellín: Anales de la Facultad Nacional de Minas.

CHOW, Ven Te. Hidráulica de canales abiertos. Santafé de Bogotá.

CRANE, División de Ingeniería. Flujo de fluidos en válvulas, accesorios y tuberías. México.

CHANSON, Hubert. Hidráulica del flujo en canales abiertos.

DE AZEVEDO NETTO, J.M. y ACOSTA ALVAREZ, Guillermo. Manual de Hidráulica, México.

D'ADDARIO Miguel. Técnicas de Mecanizado industrial.

D'ADDARIO Miguel. Manual de equipos frigoríficos.

FRENCH, Richard H. Hidráulica de canales abiertos.

HAESTAD METHODS, Advanced Water Distribution Modeling and Management.

HOGGAN, Daniel H. Computer-Assisted Flodplain Hydrology and Hydraulics. New York.

KING, Horace W.; WISLER, Chester O. y WOODBURN, James G. Hidráulica.

LIGGETT James A. y Caughey David A. Fluid Mechanics, an interactive text. USA. American Society of Civil Engineers.

MATAIX, Claudio. Mecánica de fluidos y máquinas hidráulicas. México.

MOTT, Robert L. Mecánica de fluidos aplicada.

NAUDASCHER, Eduard. Hidráulica de canales.

SALDARRIAGA V., Juan Guillermo. Hidráulica de tuberías.

SHAMES, Irving H. Mecánica de fluidos.

SOTELO AVILA, Gilberto. Hidráulica General: fundamentos.

STREETER, Víctor L. y WYLIE, E. Benjamín, Mecánica de fluidos.

FOX – Mc DONALD Introducción a la mecánica de fluidos.

SHAMES I. La mecánica de los fluidos.

STREETER V. Mecánica de los fluidos.

WEBBER N.B. Mecánica de fluidos para ingenieros. Ediciones

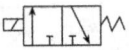
Manual de
HIDRÁULICA

Fundamentos, aplicaciones y ejercicios

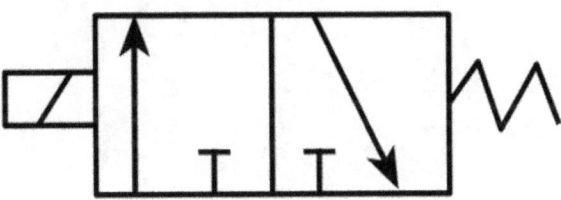

Ing. Miguel D'Addario

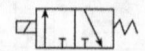
Primera edición
2017
CE

www.ingramcontent.com/pod-product-compliance
Lightning Source LLC
Chambersburg PA
CBHW071416180526
45170CB00001B/124